Operation "Citadel"

A Text and Photo AlbumVolume 2:The North

by J. Restayn and N. Moller

大日本絵画 DAINIPPON KAIGA

Operation "Citadel"
A Text and Photo Album
Volume 2: The North
by J. Restayn and N. Moller

J.ルスタン＋N.モレル

続 クルスクの戦い
戦場写真集
北部戦区
1943年7月

岡崎淳子【訳】Atsuko Okazaki

英訳版出版社より読者の皆様へ
Publishers' Ackowledgements

このたび本書をお買いあげいただいた皆様、そして日頃から小社に激励のメッセージをお寄せくださる皆様に、この場を借りてご挨拶申し上げます。小社は独自の出版物に加えて、ドイツ語によるすぐれた書籍の英訳版を数多く手がけてまいりましたが、これもひとえに皆様がたのご声援のたまものと、あらためて感謝申し上げる次第です。小社刊の書籍について、さらに詳しい情報をご希望の方はウェブサイト www.jjfpub.mb.ca をご覧ください。近刊予定の書籍についても随時ご紹介しております。その多くが皆様からの熱心なご要望によって晴れて出版の運びとなったことを申し添えるとともに、今後とも皆様のご意見、ご感想をお待ちしております。

John Fedorowicz, Mike Olive, Bob Edwards, Ian Clunie

編集者覚え書き
Editors' Remarks

本書のテーマであるクルスク戦の北部戦区の関連写真は、南部戦区の場合と比較すると格段に少ない。したがって、選択の幅は限られ、画質の是非を問うべくもないケースもある点をご理解いただきたい。ただしこの事実は、多くの未発表写真を発掘し、比較検討して綿密に本書を構成した執筆陣の努力を損なうものではない。

なお、東部戦線のドイツ軍が使用していたのは中央ヨーロッパ標準時であり、グリニッジ標準時より1時間早い。また夏季にはサマータイムが実施される。そのため、「昼間攻撃」が「0200時に開始される」などの、一見して不自然な記述が見受けられる場合もある点、留意されたい。

著者紹介
Authors

Jean Restayn ジャン・ルスタン
パリ生まれ。既婚、娘ひとり。イラストレーター。軍事史に特別の興味を持ち、多数の刊行物に記事を執筆し、軍用車両や航空機などのイラストを発表するほか、出版社の異なる数冊の本を手がけている。

主な著書に『ハリコフの戦い 戦場写真集 1942-1943年 冬』、N. モレルとの共著に『クルスクの戦い 戦場写真集——南部戦区』『第10戦車師団 戦場写真集』（すべて大日本絵画より邦訳版刊行）などがある。本書中でも随所で予告されているように、クルスク戦三部作を締めくくる続刊を鋭意準備中。

Nicole Moller ニコル・モレル
本書の共同執筆者。本人の希望により、詳しい経歴などは非公開。

目次
Table of Contents

車両の塗装とマーキング
Camouflage and Markings

7.5㎝対戦車自走砲マーダーIII H型
第2戦車師団 第38戦車駆逐大隊 第3中隊

III号戦車N型
第2戦車師団 第3戦車連隊（第II大隊）第8中隊

III号戦車J型
第2戦車師団 第3戦車連隊（第II大隊）第5中隊

IV号戦車G型
第2戦車師団 第3戦車連隊（第II大隊）第6中隊

第3戦車連隊のマーク

装甲兵員車Sd.Kfz.250
第2戦車師団 第2機甲偵察大隊 第2中隊

装甲兵員車Sd.Kfz.250（軽装甲指揮車）
第2戦車師団 第2機甲擲弾兵連隊 第3中隊

33式15cm自走重歩兵砲“ビーゾン”
第4戦車師団 第12機甲擲弾兵連隊 自走重歩兵砲中隊

II号戦車L型“ルックス”
第4戦車師団 第4機甲偵察大隊

［編注／II号戦車L型は1943年9月から'44年1月に100両が生産されたとされる。図のマーキングを施した第4機甲偵察大隊の車両の写真が存在するが、それは1944年10月以降の撮影といわれる。ルックスがクルスクの戦いに参加した可能性は低い］

戦術と運用構想、車両の迷彩塗装に関連して
Tactical and Operational Concepts and Camouflage

ここで言うべきことは、ドイツとソ連いずれの陣営についても、既刊『クルスクの戦い 南部戦区』で述べた内容とほとんど変わらない。少なくともルフトヴァッフェ（ドイツ空軍）の利用と砲兵部隊の投入に関する限り、ドイツ軍中央軍集団の攻撃準備は、南方軍集団の場合と同様だった。ただし、投入可能な兵力・装備とも、前者は後者より若干少なかったのだが。

対するソ連側の意図は、効果的な防御と、機会を捉えた反撃とによって、ドイツ軍の突破を阻止することにあった。というわけで、ソ連軍の場合も戦術および運用構想ともに、クルスク突出部の北と南で何ら変わることはなかった。

もっとも、第9軍戦区において、無視できない違いがひとつだけあった。戦車大隊が大隊単位では投入されなかったという点だ。彼らはいくつかのグループに分けられ、“戦闘団《カンプフグルッペ》”として行動した。これはグデーリアン上級大将が編み出し、すでに1941〜42年にかけての苛酷な冬の後退戦でその効果は立証済みの運用方式であって、防御戦闘ではうまく機能したのだが、

7.5cm対戦車自走砲“マーダーII”
第4戦車師団 第49戦車駆逐大隊 第1中隊

IV号戦車G型
第4戦車師団 第35戦車連隊
第1大隊 第4中隊

第35戦車連隊のマーク

第4戦車師団のマーク

クルスク戦のような大規模な攻撃作戦には不向きであることがわかった。南方軍集団が――ふたつの例外を除いて[注1]――その戦車戦力を総動員した南部戦区とは対照的に、第9軍は隷下2個戦車師団――第4および第12――を予備として控置し、戦車中隊を少数ずつ投入する方式を採用した。結果として、南方軍集団戦区とは違って、大がかりな“戦車の楔《くさび》”(パンツァー・カイル) 隊形がこの戦区で展開されることはなかった。

車両の迷彩塗装については、既刊『南部戦区』編の巻頭4～12ページで述べたとおりである。

迷彩塗装に使用された色は、クルスク突出部の明るい砂色の土壌と緑の草木から推測するのが妥当だろう。そうした周囲の自然環境と迷彩パターンとの兼ね合いから判断するに、クルスク戦の期間中、ドイツ軍の車両の塗装にブラウンなどが使われたとしても、最小限度にとどめられたのではないだろうか。

ソ連軍の車両には、彼らのあいだで一般的だったグリーンの塗装に対して、個々の例外が散見される。たとえば、一部の戦車部隊の車両に、グリーンの地色にサンド系の色を乗せた例がある。機甲擲弾兵師団『グロースドイッチュランド』戦区で撃破されたT-34に、この塗装パターンの車両が見られたのは、『南部戦区』編で紹介したとおりである。レンド - リース車両に関しては、おおむねオリジナル塗装のまま使用されていたようだ。“ジェネラル・リー” や “スチュアート” など、アメリカから供与された車両ならオリーヴ・ドラブ、“マチルダ” “ヴァレンタイン” “チャーチル”など、イギリスから供与された車両ならブロンズ・グリーンである。シリアルナンバー (アメリカ製車両の場合)や船舶輸送時の指示書き(イギリス製車両の場合)さえ確認できれば、それを手がかりに、車両の色もわかるだろう。

原注
[1] 第17戦車師団とSS機甲擲弾兵師団『ヴィーキング』である。前者は弱体化が著しく、いかなる前線投入にも不向きの状態だった。保有する戦車大隊は両者とも1個のみ、それも弱小部隊だった。

重装甲偵察車Sd.Kfz.232（Fu）
第4戦車師団 第4機甲偵察大隊
重装甲車中隊

重装甲偵察車Sd.Kfz.233（7.5㎝ L/24）
第4戦車師団 第4機甲偵察大隊
重装甲車中隊

装甲兵員車Sd.Kfz.250/10（3.7㎝）
第4戦車師団 第4機甲偵察大隊　軽装甲偵察中隊

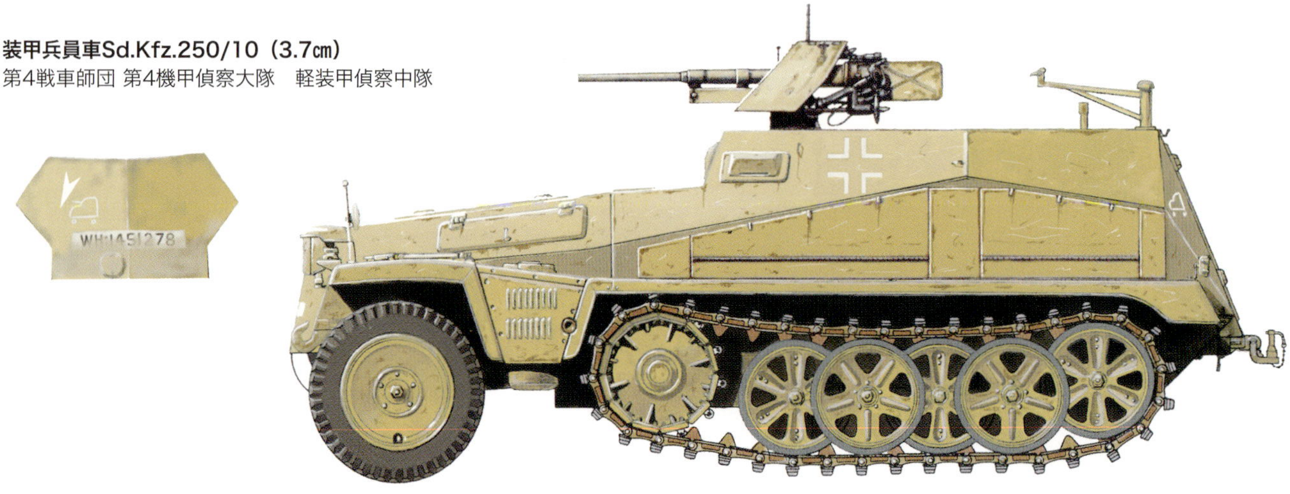

装甲兵員車Sd.Kfz.251/1
第4戦車師団 第12機甲擲弾兵連隊 第2中隊

第9戦車師団のマーク

15cm自走重榴弾砲“フンメル”
第9戦車師団 第102機甲砲兵連隊
（第III大隊）第9中隊

IV号戦車H型
第9戦車師団 第33戦車連隊（第I大隊）第3中隊
※補助装甲板〈シュルツェン〉を完全装備

第9戦車師団 第33戦車連隊の連隊マーク

第1中隊第III小隊2号車

第2中隊第III小隊1号車

連隊長車

第3中隊第III小隊3号車

第I大隊長車

第4中隊第I小隊4号車

III号戦車J型

第9戦車師団 第33戦車連隊（第I大隊）第2中隊

重装甲無線車Sd.Kfz.263
第9戦車師団 師団司令部 通信小隊

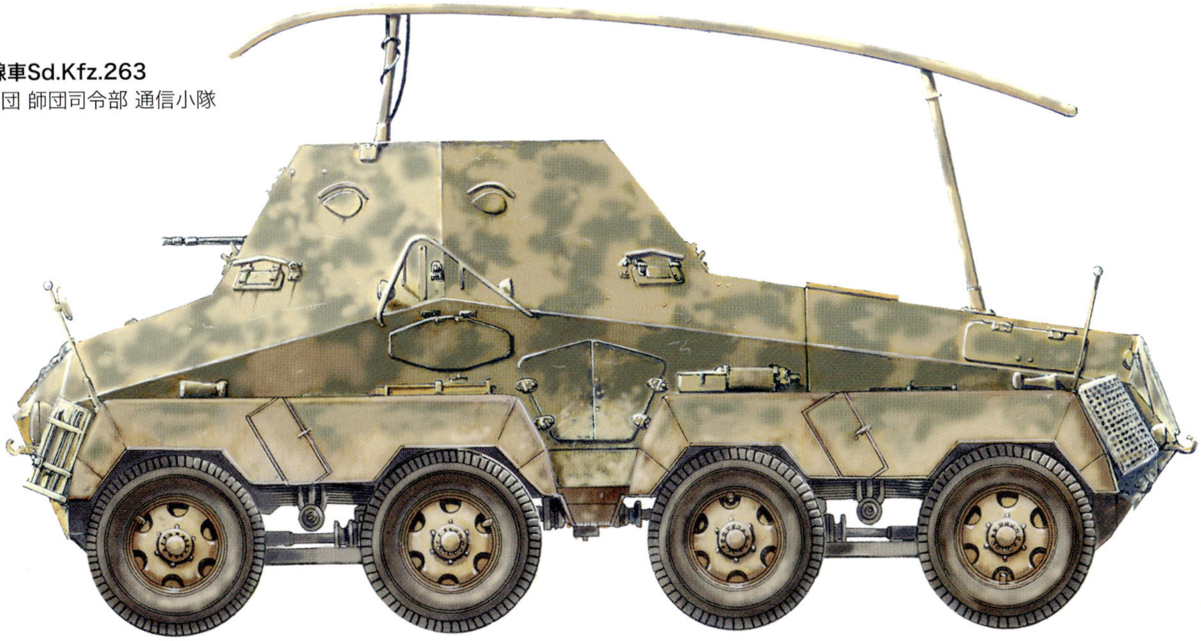

III号戦車M型
第12戦車師団 第29戦車連隊（第I大隊）第7中隊

IV号戦車G型
第12戦車師団 第29戦車連隊（第I大隊）第5中隊

第12戦車師団のマーク

III号戦車N型
第18戦車師団 第18戦車大隊 大隊本部

IV号戦車G型
第18戦車師団 第18戦車大隊 第2中隊

第18戦車師団のマーク

重装甲偵察車Sd.Kfz.231
第18戦車師団 第18機甲偵察大隊

7.62㎝対戦車自走砲“マーダーIII”
第20戦車師団 第92戦車駆逐大隊 第1大隊第4（重）中隊

第20戦車師団のマーク

装甲偵察車Sd.Kfz.222
第20戦車師団 第20オートバイ擲弾兵大隊 第1中隊

IV号戦車G型
第20戦車師団 第21戦車大隊 第2中隊

第20戦車師団のマーク

装甲兵員車Sd.Kfz251/9
第20戦車師団 第59機甲擲弾兵連隊 第I大隊 第4中隊

IV号戦車G型
第20戦車師団 第21戦車大隊
（第21戦車連隊第III大隊）第3中隊

重駆逐戦車Sd.Kfz.184 “フェアディナント”
第654重戦車駆逐大隊 第5中隊

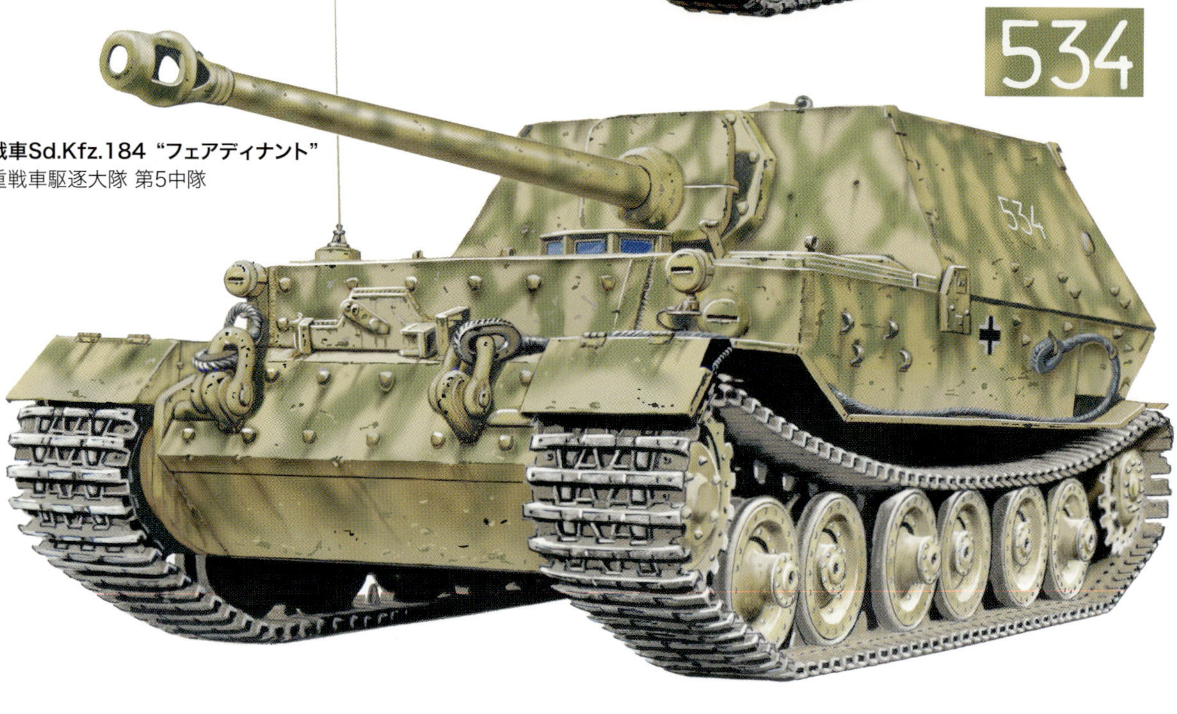

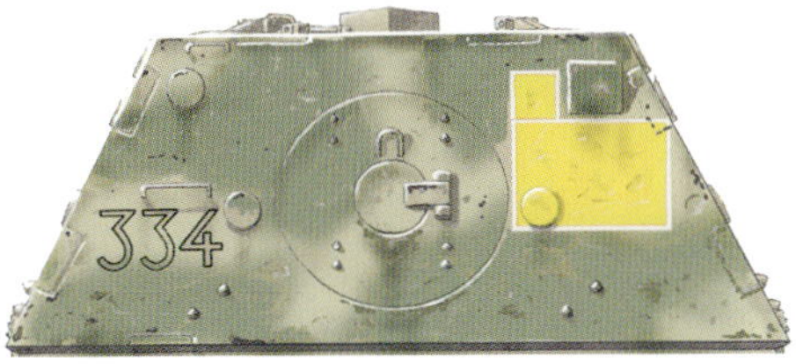

重駆逐戦車Sd.Kfz.184 “フェアディナント”
第653重戦車駆逐大隊 第3中隊

重駆逐戦車Sd.Kfz.184 “フェアディナント”
第654重戦車駆逐大隊 第6中隊

重駆逐戦車Sd.Kfz.184 “フェアディナント”
第653重戦車駆逐大隊 第2中隊
※戦闘室後部右側の車両識別マークに注意

IV号突撃戦車“ブルムベーア”
第656重戦車駆逐連隊 第216突撃戦車大隊“12”号車

IV号突撃戦車“ブルムベーア”
第656重戦車駆逐連隊 第216突撃戦車大隊“33”号車

重装薬運搬車B IV型
第312無線操縦戦車中隊

III号戦車N型 無線指揮戦車
第312無線操縦戦車中隊
※部隊マークの詳細に注意

第185突撃砲大隊のマーク

III号突撃砲G型
第185突撃砲大隊

第244突撃砲大隊のマーク

III号突撃砲G型
第244突撃砲大隊
第1中隊

III号突撃砲F/8型
第6歩兵師団 第904突撃砲大隊

重戦車ティーガーI
第505重戦車大隊 第2中隊（中隊長車）

第505重戦車大隊のマーク

重戦車ティーガーI
第505重戦車大隊 第2中隊
※車体側面に張り巡らした有刺鉄線は、ソ連歩兵の対戦車攻撃班が肉薄して爆薬を設置するのを阻止するための策

III号突撃砲G型
第6歩兵師団 第904突撃砲大隊

重戦車ティーガーI
第505重戦車大隊 第1中隊

第505重戦車大隊のマーク

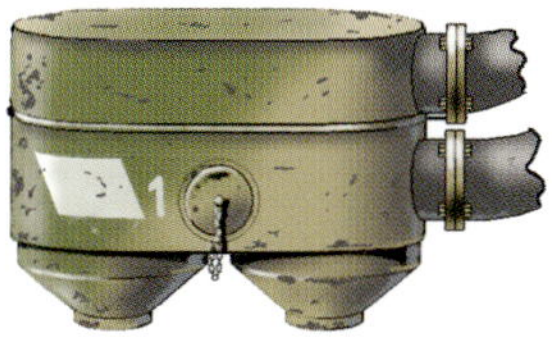

第9軍隷下部隊の部隊章

9.Armee Insignia

第XXIII戦車軍団

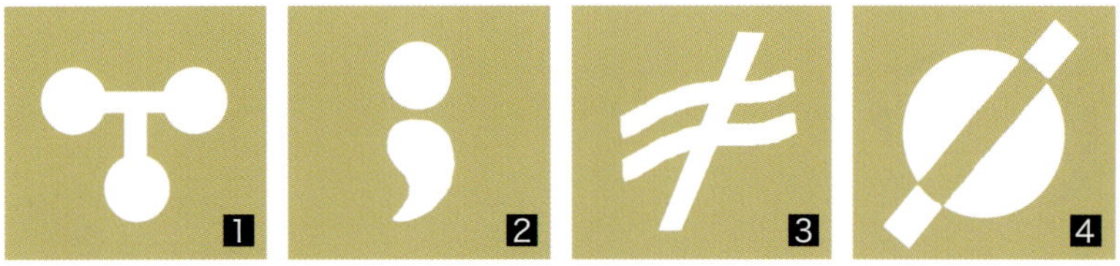

第XXXXI戦車軍団

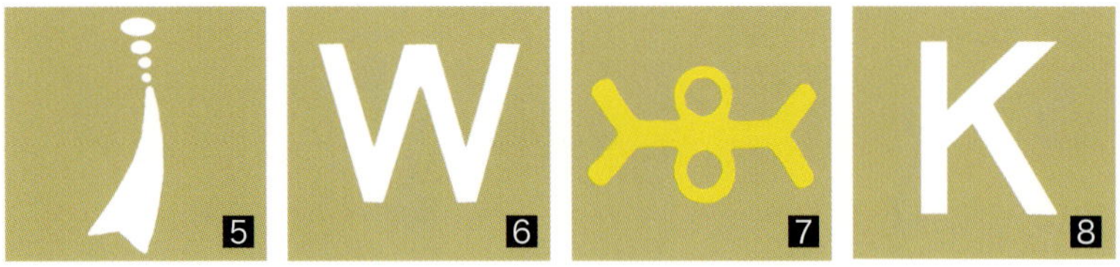

第XXXXVII戦車軍団

第XXXXVI戦車軍団

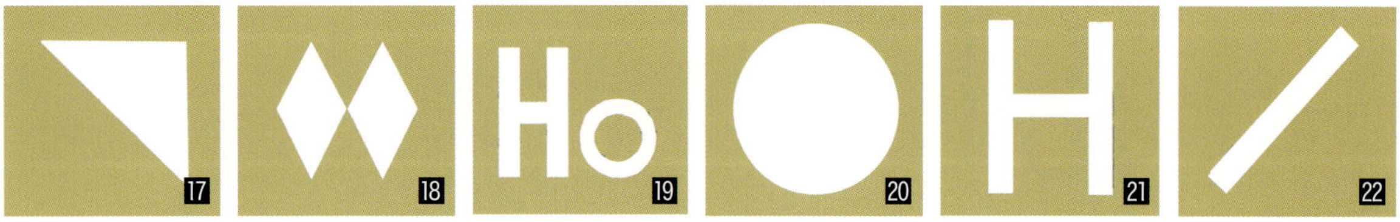

第XXIII戦車軍団
1 軍団司令部付き部隊
2 第78突撃師団
3 第216歩兵師団
4 第383歩兵師団

第XXXXI戦車軍団
5 軍団司令部
6 第86歩兵師団
7 第18戦車師団
8 第292歩兵師団

第XXXXVII戦車軍団
9 軍団および軍団司令部付き部隊
10 第4戦車師団
11 第9戦車師団
12 第20戦車師団
13 第2戦車師団
14 第6歩兵師団
予備部隊
15 第12戦車師団
16 第10機甲擲弾兵師団

第XXXXVI戦車軍団
17 軍団司令部
18 第7歩兵師団
19 第31歩兵師団
20 第102歩兵師団
21 第258歩兵師団
22 フォン・マントイッフェル突撃旅団

当初、師団の戦術標識はすべて白で描かれるものとされたが、いくつかの師団は伝統的な黄色（RAL 1012）を選んでいる。また、指定された以外のマークを使用する師団もあった。

師団によっては、隷下の戦車連隊もしくは戦車大隊、あるいはその両方が、固有の部隊章を使うところもあった。

第4戦車師団は――隷下戦車大隊を除いて――複数の師団章、あるいは師団章の変化形と言うべきだろうか、ともかくもそうしたパターン違いの師団章を使い分けていた（概して、各師団とも、公式に指定された師団章の変化形を3パターンほど揃えていた）。『ツィタデレ』作戦用に考案された戦術マークは、陸軍総司令部の通達にしたがって、直前まで記入してはならないことになっていた。ちなみに、第4戦車師団の“下向きの矢印”は、公式の変化形ではなかった。

変化形と言っても、ひとつの師団章の表現方法のヴァリエーションであるのは明らかだ。これは、型板（テンプレート）を製作する際のヴァリエーションが、そのまま採用されたことによる。たとえば、第18戦車師団の場合、“輪郭線だけの2個の円”ではなく“塗りつぶされた2個の円”が公式の師団章である。

これ以外の、独立突撃砲大隊や架橋縦隊などの部隊章については、続刊で紹介する予定。

ドイツ軍（部隊名略号凡例）

9. Armee	第9軍
Armee Abt. Kempf	ケンプフ軍支隊
XXXV.AK	第XXXV軍団
Korps z.b.V. Raus	ラウス特別編成軍団
2. Pz Armee	第2戦車軍
XXXXVII. PzK	第XXXXVII戦車軍団
18. Pz	第18戦車師団
II.SS PzK	SS第II戦車軍団
Tle.～	部隊の一部
SS "DR"	SS機甲擲弾兵師団"ダス・ライヒ"
SS "LAH"	SS機甲擲弾兵師団"ライプシュタンダルテSS アードルフ・ヒットラー"
SS "TK"	SS機甲擲弾兵師団"トーテンコップフ"
"GD"	"グロースドイッチュランド"機甲擲弾兵師団
VIII. Fliegerkorps	第VIII航空軍団
6. Luftflotte	第6航空艦隊

ソ連軍（部隊名略号凡例）

47. Armee	第47軍
3. GdPz Armee	第3親衛戦車軍
2. Gd Armee	第2親衛軍
1. Pz Armee	第1戦車軍
15. Luft-Armee	第15航空軍
XXII. GdPzK	第XXII親衛戦車軍団
III. PzK	第III戦車軍団
VI. GdKK	第VI親衛騎兵軍団
XXV.GdMK	第XXV親衛機械化軍団
XVII. GdSK	第XVII親衛狙撃軍団
I. MK	第I機械化軍団
5. Art.D.	第5砲兵師団
1. Gd.Art.Div.	第1親衛砲兵師団
SK	狙撃軍団
GdLL	親衛師団
GdS	親衛狙撃師団

『ツィタデレ』作戦地図
Maps of Operation "Citadel"

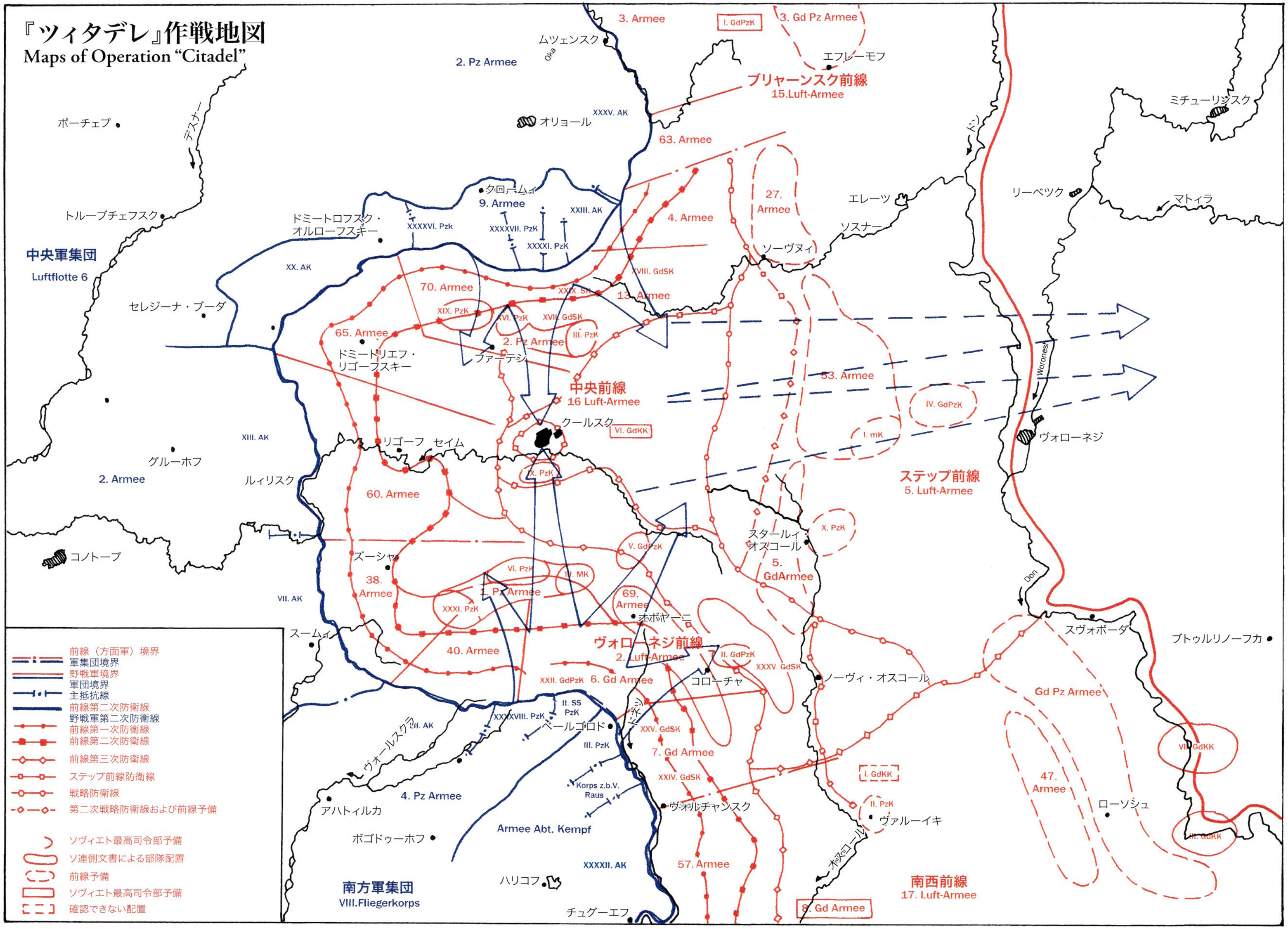

1943年7月7日の戦況

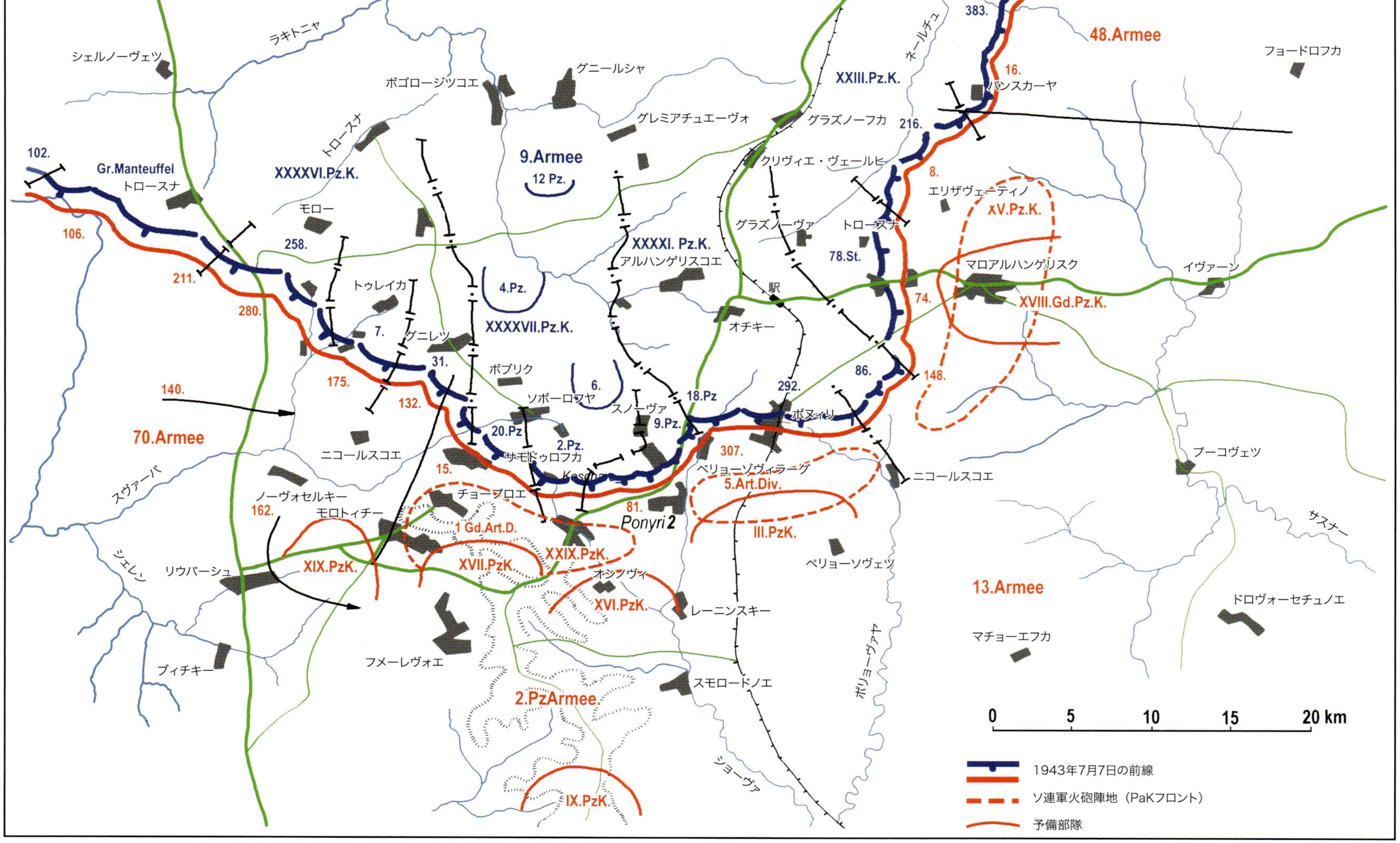

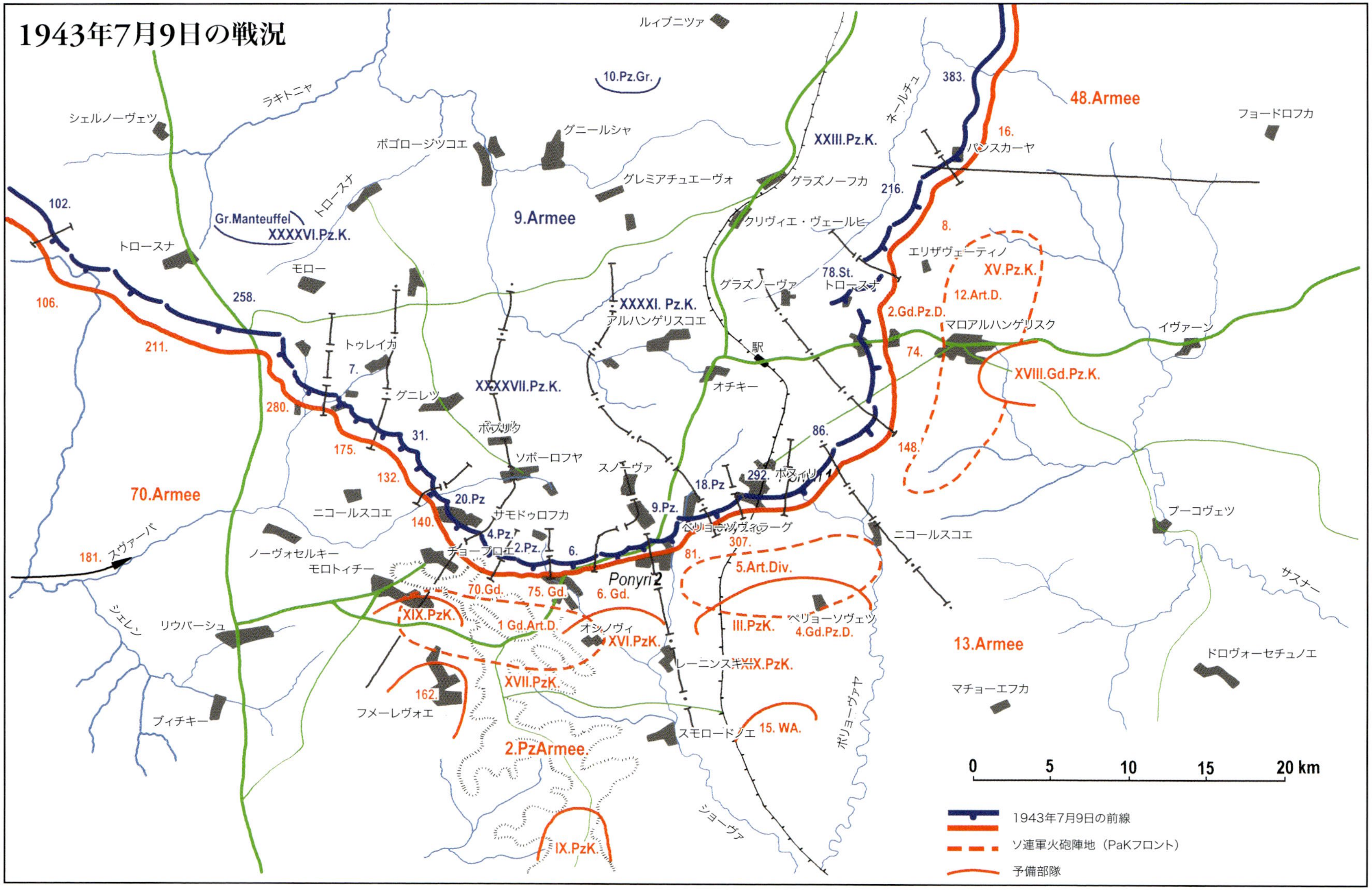
1943年7月9日の戦況
ルィブニツァ
10.Pz.Gr.
ラキトニャ
シェルノーヴェツ
ボゴロージツコエ
グニールシャ
グレミアチュエーヴォ
グラズノーフカ
XXIII.Pz.K.
ネールチュ
383.
48.Armee
フョードロフカ
16.
パンスカーヤ
216.
102.
Gr.Manteuffel
XXXXVI.Pz.K.
トロースナ
9.Armee
クリヴィエ・ヴェールヒ
8.
エリザヴェーティノ
XV.Pz.K.
12.Art.D.
2.Gd.Pz.D.
マロアルハンゲリスク
イヴァーン
74.
XVIII.Gd.Pz.K.
78.St.
グラズノーヴァ
モロー
258.
106.
211.
トゥレイカ
7.
グニレツ
XXXXI. Pz.K.
アルハンゲリスコエ
駅
オチキー
XXXXVII.Pz.K.
280.
175.
31.
ポズリック
ソボーロフヤ
スノーヴァ
86.
148.
132.
20.Pz
18.Pz
292.
ポヌィリ
9.Pz.
70.Armee
ニコールスコエ
140.
サモドゥロフカ
4.Pz.
2.Pz.
6.
ペリョーゾヴォエ
ヴィラーグ
307.
81.
5.Art.Div.
181.
スヴァーパ
ノーヴォセルキー
モロトィチー
チョープロエ
Ponyri 2
70.Gd.
75. Gd.
6. Gd.
XIX.PzK.
1 Gd.Art.D.
オシノヴィ
XVI.PzK.
III.PzK.
ペリョーソヴェツ
4.Gd.Pz.D.
13.Armee
プーコヴェツ
サスナー
ドロヴォーセチュノエ
シェレン
リウバーシュ
レーニンスキー
XIX.PzK.
162.
XVII.PzK.
フメーレヴォエ
ブィチキー
スモロードノエ
15. WA.
ポリョーヴァヤ
マチョーエフカ
2.PzArmee
ショーヴァ
IX.PzK.
0
5
10
15
20 km
1943年7月9日の前線
ソ連軍火砲陣地（PaKフロント）
予備部隊

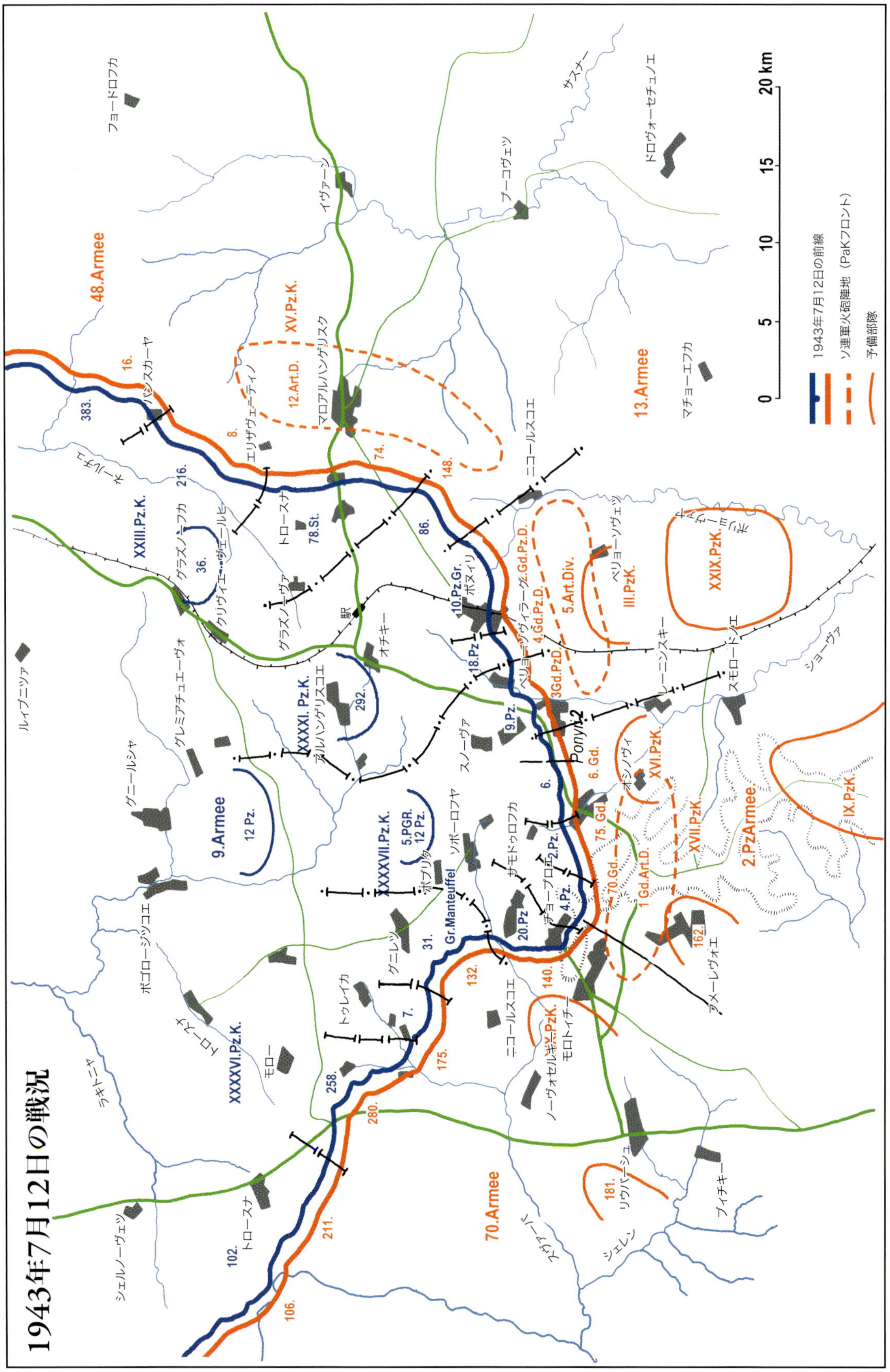
1943年7月12日の戦況
1943年7月12日の前線
ソ連軍火砲陣地（PaKフロント）
予備部隊
0 5 10 15 20 km
48.Armee
13.Armee
9.Armee
70.Armee
2.PzArmee.
XV.Pz.K.
XXIII.Pz.K.
XXXXI. Pz.K.
XXXXVII.Pz.K.
XXXXVI.Pz.K.
XXIX.PzK.
III.PzK.
XVI.PzK.
XVII.PzK.
IX.PzK.
12.Art.D.
5.Art.Div.
1 Gd.Art.D.
Gr.Manteuffel
10.Pz.Gr.
78.St.
Ponyri 2
フォードロフカ
サスナー
ドロヴォーセチュノエ
ブーコヴェツ
マロアルハンゲリスク
マチョーエフカ
ニコールスコエ
ベリョーソヴェツ
トロースナ
ポヌィリ
オチキー
スノーヴァ
ソボーロフカ
サモドゥロフカ
テョープロエ
グレミアチュエーヴォ
ルィブニツァ
グーニルシャ
ポゴロージツコエ
トゥレイカ
モロー
ラキトーニャ
シェルノーヴェツ
リウバーシュ
プィチキー
アメーレグヴォエ
スモロードノエ
ショーヴァ
シェレン

序文『城塞《ツィタデレ》』作戦 北部戦区
Foreword to Operation "Citadel"——The North

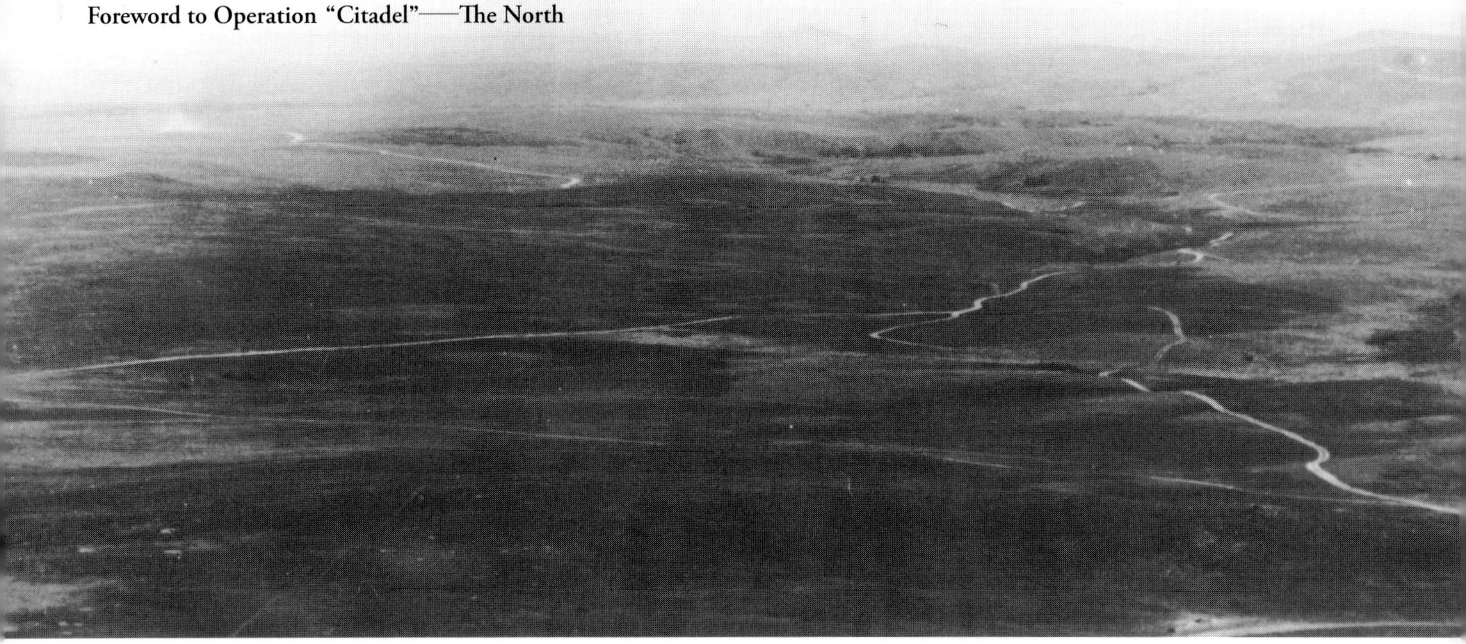
ドイツ第9軍の作戦地域、クルスクの全景。

本書は『クルスクの戦い　戦場写真集』シリーズの、いわば第2巻にあたるものだが、執筆に際しては、既刊の南部戦区編よりも思いがけず長い時間を必要とした。文献あるいは文書資料はともかくとして、写真の扱いに苦慮したためである。

一例を挙げれば、第18戦車師団のクルスク戦当時の写真はほとんどないに等しい。だが、著者としては、読者の誤解を招くような情報提示を避けるべく、部隊によって写真の量や質に極端なばらつきが生じないよう留意しなければならなかった。さらに、それらの写真をもとにイラストをおこすという目的もあった。そうした観点から写真を厳選した結果、どうにか公平性が確保できた。すなわち本書は、中央軍集団に隷属するすべての戦車師団を質の揃った写真で紹介していると言うことができるだろう。もちろん、どうしても非常に地味な写真ばかりが並ぶことになったページもあるにせよ、それはそれとして致し方ない事実なのだ。

ちなみに本書においては、AFV（装甲戦闘車両）と言えば、Ⅲ号戦車をはじめとする全装軌タイプの戦車、駆逐戦車、突撃砲、ブルムベーアなどの突撃戦車を指し、戦車と直接渡り合うことができない軽装甲車両——マーダーⅡ、同Ⅲ、Sd.Kfz.251装甲兵員輸送車など——は、これに含めないこととする。その他、対装甲車両用の火器を搭載した兵器システムであっても、攻勢作戦には積極投入されない車両も同様である。

ところで、本シリーズの第1巻となった南部戦区編の刊行後にも、同戦区に関するさらに多くの死蔵文書が発見された。と言っても、実際のところそれらは各地の公文書館に長いあいだ眠っていたもので、存在は知られていながら、信頼するに足らずとして、これまで歴史家には無視されつづけてきたというだけの話なのだが。今回、それらの“新資料”をあらためて検討した結果、著者が南部戦区編で提示したドイツ軍の損耗数は、やはり確かな数字であることが確認された。

というわけで、本書の読者は、たとえば戦闘後の総括的報告書や編制一覧、敵味方それぞれの損耗数など、豊富な未公刊資料の一端に触れることになろう。もっとも、そうした“新資料”が、旧ソ連によって繰り広げられたプロパガンダ、あるいはそれに追随した歴史家の主張をひっくり返し、これを忘れさせるとまではいかないかもしれない。だが、反駁の余地のない事実、衝撃的なデータ、明白な数字をもって、従来の「雲をつかむような」言説に対する反論の下地にはなるはずだ。

さらに、本書に続くシリーズ第3巻には、また新たな写真資料、当事者による報告書、編制表や地図などがふんだんに盛り込まれることだろう。これまで未発表だった、ルフトヴァッフェ（ドイツ空軍）による航空写真の掲載も予定されており、それが実現すれば読者の理解を深める一助となるに違いない。それらの航空写真には、ソ連軍のいわゆる埋設戦車陣地、砲兵陣地、カチューシャ陣地がはっきりと捉えられている。要するに、ソ連軍の防御陣地の難攻不落ぶりが実感できるのだ。それとともに、読者諸氏にはすでにおなじみであろうジャン・ルスタン流の描きおろしイラストも何枚か加わることになる。これらすべてが、明快な、わかりやすいスタイルで並べられる予定である。

高地を制する者が戦場を制する。

戦地だというのが嘘のように牧歌的な農民の生活風景。

右／第505重戦車大隊長のティーガー。幅の狭い輸送用履帯を装着している。角材はSSyms式貨車に車両を積載するために使用するのだろう。3月末、ベルギーのヘント。［訳注／貨車のSS記号は、ドイツ鉄道の4軸の長尺物運搬車、いわゆる長物車を意味する。積載許容重量35t/搭載物制限長15mと、同38t/18mの2種類があった。"SSn" の記号を付されたものがあるが、これが38t/18mを表すかどうかは不明。車台を強化、積載上限を大きくしたものが40t/18mの "SSl" だが、これらはいずれも大戦前からドイツ鉄道で使用されていた。大戦中に軍用として作られた重量物運搬用大型平台多軸貨車には "SSy" "SSys" "SSyms" が存在する。前2者はいずれも50t/8.8mで4軸であり、車軸間距離の違いで区分される。"SSy" は6,150mm、"SSys" は7,950mm。"SSyms" は "SSy" の延長強化型で、80t/11.2m、6軸の貨車である。なお "y" は、現用の略号 "Y" が連邦陸軍を表すことから、当時から "軍用" を示すものと思われる。］

第505重戦車大隊のティーガー、5月、ズムリョーフカ。

パルチザンによる爆破・破壊工作は、大規模な恒久的基幹施設にも向けられる。なかでも橋梁は格好の目標だ。破壊すれば兵站に大打撃を与えることになるからだ。

右ページ／ティーガー部隊は、1943年6月4日、ホートヴォ地区で演習に参加した。この車両は工場出荷時の基本塗装の上に迷彩塗装が施されている。

準備段階
Preparation Phase

オリョール周辺の作戦地域におけるドイツ軍中央軍集団の状況を語るとき、驚かざるを得ないのは、彼らが南方軍集団よりも少ない兵力でありながら、かくも強大な敵と対峙しなければならなかったという事実である。

ドイツ陸軍総司令部は、このことを認識していたに違いない。それでも『城塞《ツィタデレ》』作戦は遂行されねばならなかった。すでに本シリーズ既刊『クルスクの戦い 南部戦区』で述べたように、この作戦計画を実行に移すことについて、上層部のあいだに否定的意見がなかったわけではない。それどころか、本作戦に対する反対論は、第9軍の作戦地域でいっそうさかんに唱えられた。

では、そのあたりの事情を整理してみよう。

グデーリアン上級大将、フォン・マンシュタイン元帥、モーデル上級大将は、戦略上および用兵上の観点から、いずれも『城塞』作戦の発動には反対だった（フォン・マンシュタインは他の二者ほどではなかったが、やはり反対であることに変わりはなかった）。その一方で、見逃せない政治的動機もあった。

1. 戦略上の否定的要素

a. ドイツ軍は、躊躇の時期が長すぎた。フォン・マンシュタインによれば、クルスク攻勢作戦はハリコフ奪取に関連して、または遅くとも5月はじめには実行されるべきだった。彼の見るところでは、ともかく可及的速やかに——この際、新型装備の受領を待つことなく——作戦を発動するのが、成功の不可欠な条件であった。

5月初旬、本作戦について協議するため開かれた何度かの会議の席上でも、フォン・マンシュタインは熱心に持論を展開した。だが、会議のたびにドイツ軍の準備期間は更新され、ソ連側の防御態勢は時々刻々と固められて、クルスク当該地区はほとんど難攻不落の様相を呈しつつあった。つまり、ドイツ軍が足踏みをしているあいだ、相手はそこに装備器材の予備を含めた一大戦力を集結させることができたのだった。こうして、作戦発動が遅延した結果、奇襲の要素は本質的に失われた。

b. グデーリアンによれば、クルスクは戦略的に何ら重要な

目標ではなかった。むしろ、その反対だった。前線は縮小されるべきであった。すでにドイツ軍には兵員不足の徴候があらわれていたからだ。ドイツ軍は防御戦闘に専念して、反撃の機会を待つべきであって、それほど重要とも思われない攻勢作戦で装甲車両を無駄に失ってはならないというのが彼の考えだった。

ちなみに、グデーリアンとフォン・クルーゲ元帥とのあいだに生じていたとされる個人的軋轢については、これまで歴史家によって必要以上に強調されてきた嫌いがあるが、ここでは目立った影響を及ぼすまでには至らなかった。重視すべきは、むしろグデーリアンが軍需相シュペーアとも共有していた上記のような現実的状況判断の方だろう。

c. モーデル上級大将もまた、本作戦にそれほど乗り気ではなかった。ソ連軍の防衛線を突破するには少なくとも6日は必要であり、結果として、ソ連軍を包囲殲滅するのは事実上不可能になるだろうと彼は主張した。ソ連軍の重厚な陣地帯について、また彼らが導入した新世代の対戦車弾と、従来より遠距離からⅣ号戦車の前面装甲をも撃ち抜くその威力について、モーデルはじゅうぶんな情報を得ていた。特に後者に関しては、Ⅳ号戦車の前面に補助装甲を取り付けるよう、ヒットラーが命じたほどだ。そのため、作戦の発動はさらに延期され、1943年6月10日にずれ込んだのに続いて、それからさらに1ヶ月が準備期間の名目でむなしく失われた。つまりは総統さえも、本作戦の決行には若干の不安を覚えていたものと見てさしつかえないだろう。

他方、フォン・クルーゲは、ソ連軍防衛線はおおむね放棄もしくは部分的に破壊されたか、少なくとも使用不能であると総統に請け合い、モーデルの懸念を取るに足らぬもののように扱った。

7月2日になって、ヒットラーは攻勢の発起を7月5日と定めた。当初の予定では4月のはずだった。すでに3ヶ月が経過した挙げ句の決定であった。

2. 用兵上の否定的要素

a. グデーリアンによれば、新型装甲車両にかけられた期待は——未だじゅうぶんな数が確保できないことのみを考慮しても——見当違いもいいところだった。しかし、結局のところ、まだ実戦を経験していない新型車両——Ⅴ号戦車パンター、フ

左ページ／6月18日、可動ティーガーは18両と報告されている。［大日本絵画刊『重戦車大隊記録集❶』によれば、6月10日付で第505重戦車大隊の可動ティーガーは18両（保有は31両）。同日、24両あったIII号戦車を装備から外し、新たなティーガー14両を受領、大隊定数の45両が揃った。6月20日の可動ティーガーは28両］

作戦準備には、利用できる輸送手段は何でも利用される。ライヒスバーンすなわちドイツ鉄道も、おおいに貢献した。［ビュッシングNAGの4.5トン積みと思われるトラックの走行装置をはじめ各部を改修して線路上を走れるようにした軌道車が珍しい］

下／グレイの基本塗装のティーガー"213"。［半逆光のため露出アンダーになって暗く写っている可能性も否定できない］

ェアディナント重駆逐戦車など――の初期不良は、誤差の範囲内として受け入れられるしかなかった。実際に砲火の洗礼を受けたとき、これらの新型車両は、それなりの戦果を上げたとは言え、やはり期待を大きく裏切ることになるのだった。

b. 中央軍集団の力不足は明らかで、それは隷下に重戦車駆逐連隊を配備したところで容易には克服できない問題だった。駆逐戦車とは対照的に小型の新装備――無線誘導式の装薬運搬車――にしても、これを取り扱う戦車兵には慣熟訓練が必要だったはずだが、その時間的余裕もないまま、実戦投入が強行された。

3. 政治的要素

当時すでにリッベントロップがモロトフと接触するなど、対ソ単独講和への道が探られつつあり、交渉が開始されていた。クルスク戦の勝算はドイツにありと見えたし、実際に勝利すれば、ドイツの継戦能力がまだじゅうぶんに残っていることを相手に知らしめ、交渉を有利に進めることができるとも考えられた。ヒットラー自身は本作戦について煮えきらない態度を示しつづけてきた。グデーリアンによれば、ヒットラーは「『城塞』作戦のことを考えると胃がむかつく」ほどの不安に陥っていたという。

結論として、ヒットラーは『城塞』作戦を発動することを欲しなかった。だが、周囲の軍事顧問《アドヴァイザー》、そしてフォン・クルーゲの説得を受け、ほとんど彼らに促されるようにして発動するに至った。

クルスク突出部の北側におけるドイツ軍の戦力
The German Forces in the North Portion of the Kursk Sallient

中央軍集団（フォン・クルーゲ元帥）

第9軍（ヴァルター・モーデル上級大将）
（各軍団へ配属された戦車／機甲部隊）

第10機甲擲弾兵師団
第12戦車師団（第29戦車連隊）
第177突撃砲大隊
第185突撃砲大隊
第189突撃砲大隊
第244突撃砲大隊
第245突撃砲大隊
第904突撃砲大隊
第909突撃砲大隊
第505重戦車大隊（作戦発動当初に投入可能だったのは2個中隊のみ。7月8日から第3中隊が加わる）
第656重戦車駆逐連隊
　第653重戦車駆逐大隊（フェアディナント装備）
　第654重戦車駆逐大隊（フェアディナント装備）
　第216突撃戦車大隊（IV号突撃戦車ブルムベーア装備）
第430軽架橋縦隊第1中隊
第535架橋縦隊
第654工兵大隊
第751工兵大隊

第XX軍団
（ルードルフ・フライヘア・フォン・ローマン砲兵大将）
第45歩兵師団（3個砲兵大隊のみ）
第72歩兵師団
第137歩兵師団（2個歩兵連隊のみ）
第251歩兵師団
第129砲兵司令部（軍団レベルの砲兵司令部）
第860軽榴弾砲大隊（自動車化10.5cm軽榴弾砲12門）
第Ⅰ/99軽榴弾砲大隊
第626軽架橋縦隊
第4工兵大隊本部（軍団工兵司令部、特務）
第512工兵大隊
第750工兵大隊

第XXIII軍団（ヨハネス・フリースナー歩兵大将）
第216歩兵師団（2個歩兵連隊のみ）
第383歩兵師団
第78突撃師団
第653重砲兵大隊第1・第2中隊
第817重砲兵大隊第1中隊（17cm砲）
第109砲兵連隊本部（本部要員のみ）
第69軽榴弾砲大隊第4中隊（10.5cm軽野戦榴弾砲）
第41砲兵連隊本部（本部要員のみ）
第112砲兵司令部
第422重榴弾砲大隊（15cm重野戦榴弾砲8門、10cm18式カノン砲4門）
第426軽榴弾砲大隊
第709軽榴弾砲大隊（10cm18式カノン砲）
第775砲兵連隊本部（本部要員のみ。zbv）
第848重榴弾砲大隊
第851軽榴弾砲大隊（ソ連軍から鹵獲した122mm野砲）
第859重榴弾砲大隊（21cm野砲）
第51ヴェルファー連隊
　第Ⅰ大隊（15cmロケット砲18門）
　第Ⅱ大隊（15cmロケット砲12門、15cm機甲ロケット砲6門）
　第Ⅲ大隊（21cmロケット砲12門）
第59軽榴弾砲大隊第2中隊
第66重榴弾砲大隊第2中隊
第88軽架橋縦隊
第623工兵大隊本部（本部要員のみ）
第746工兵大隊
第85中工兵大隊

第XXXXI戦車軍団（ヨーゼフ・ハルペ戦車兵大将）
第18戦車師団（第18戦車連隊）
第292歩兵師団
第86歩兵師団
第620重砲兵大隊第2中隊（15cm18式カノン砲）
第35砲兵司令部
第425軽榴弾砲大隊（10.5cm18式軽野戦榴弾砲）
第427軽榴弾砲大隊（10.5cm18式軽野戦榴弾砲）
第604重砲兵大隊（21cmカノン砲）
第616軽榴弾砲大隊（10.5cm18式軽野戦榴弾砲）
第69砲兵連隊本部
第53ヴェルファー連隊
　第Ⅰ大隊（15cmロケット砲18門）
　第Ⅱ大隊（15cmロケット砲12門、15cm機甲ロケット砲6門）
　第Ⅲ大隊（21cmロケット砲12門）
第Ⅱ/61重榴弾砲大隊（1個大隊のみ、15cm重野戦榴弾砲）

第Ⅱ/64軽榴弾砲大隊（1個大隊のみ、牽引式10.5cm軽榴弾砲）
第409架橋縦隊（第2中隊のみ）
第606架橋縦隊
第932架橋縦隊本部（本部要員のみ）
第104工兵司令部（特務）
第42工兵大隊

第XXXXⅥ戦車軍団（ハンス・ツォルン歩兵大将）
第102歩兵師団
第258歩兵師団
第31歩兵師団（3個砲兵大隊のみ）
第7歩兵師団（3個砲兵大隊のみ）
歩兵旅団『フォン・マントイッフェル集団』
　第9・第10・第11猟兵大隊
第101砲兵司令部
第18重ヴェルファー連隊（21cmロケット砲18門）
第620重砲兵大隊第3中隊（15cm18式カノン砲）
第637重砲兵大隊第3中隊（21cm39/40式カノン砲）
第430軽榴弾砲大隊（10.5cm18式軽野戦榴弾砲）
第433軽榴弾砲大隊（10.5cm18式軽野戦榴弾砲）
第609砲兵連隊本部（本部要員のみ。特務）
第611軽榴弾砲大隊（10cm18式カノン砲）
第Ⅰ/43軽榴弾砲大隊（1個大隊のみ）
第Ⅰ/67軽榴弾砲大隊（1個大隊のみ）
第Ⅱ/47重榴弾砲大隊（1個大隊のみ、15cm重野戦榴弾砲）
第29架橋縦隊
第752軽架橋縦隊
第443工兵大隊

第XXXXⅦ戦車軍団（ヨーアヒム・レメルゼン戦車兵大将）
第2戦車師団（第3戦車連隊）
第20戦車師団（第21戦車大隊／第21戦車連隊第Ⅲ大隊）
第4戦車師団（第35戦車大隊／第35戦車連隊第Ⅰ大隊）
第6歩兵師団（3個砲兵大隊のみ）
第9戦車師団
第620重砲兵大隊第1中隊（15cm18式カノン砲）
第637重砲兵大隊第1中隊（21cm39/40式カノン砲）
第130砲兵司令部
第637重砲兵大隊第2中隊（21cm39/40式カノン砲）
第2重ヴェルファー連隊
　第Ⅰ大隊（30cmロケット砲12門）
　第Ⅱ大隊（30cmロケット砲12門）
　第Ⅲ大隊（30cmロケット砲12門、15cm機甲ロケット砲8門）
第Ⅰ/42軽榴弾砲大隊
第Ⅱ/63重榴弾砲大隊（1個大隊のみ。15cm重野戦榴弾砲）
第420架橋縦隊第2中隊
第47架橋縦隊
第845中架橋縦隊
第928架橋縦隊本部（本部要員のみ）
第2工兵教導大隊
第47工兵大隊
第678工兵大隊本部（特務）

ルフトヴァッフェの戦力
第1航空師団
第4航空師団
第12対空砲師団
　第21・第34・第101対空砲連隊
第18対空砲師団
　第6・第10・第125・第133対空砲連隊
第10対空砲旅団
第51戦闘航空団第Ⅰ・第Ⅱ・第Ⅳ飛行隊
第54戦闘航空団第Ⅰ飛行隊
第3爆撃航空団第Ⅰ・第Ⅱ・第Ⅲ飛行隊（近接航空支援）
第4爆撃航空団第Ⅱ・第Ⅲ飛行隊（近接航空支援）
第51爆撃航空団第Ⅱ・第Ⅲ飛行隊（近接航空支援）
第53爆撃航空団第Ⅰ・第Ⅲ飛行隊（近接航空支援）
第5夜間戦闘航空団第12中隊
第1急降下爆撃航空団第Ⅰ・第Ⅱ・第Ⅲ飛行隊
第1駆逐航空団第Ⅰ飛行隊

上記のリストから、第9軍の支援に投入可能な航空機は約790機であったことがわかる。やはり、南部戦区にふりむけられたよりも少ない数字である。

また、地上戦力も不十分だったことは明らかである。機甲部隊が足りなかったのは一目瞭然だが、他の兵科——特に砲兵部隊——にしても同様である。こうした戦力上の制限要因は中央軍集団のみに当てはまるものではなく、南方軍集団も同じ問題を抱えていた。ただ、後者の戦力不足は、前者ほど露骨に表面化していなかったというだけの話だ。戦車を中心とする装甲車両の台数をもう少し詳しく見てみると、さらに衝撃的な事実が浮かびあがってくる。

ほとんどの歴史家は、まず南部戦区の9個機甲師団の存在について言及する。それも、すべてがティーガーやパンター装備の大隊で構成されていたかのように。まさしく“なだれのごとき鋼鉄軍団”というわけだ。だが、すでに『クルスクの戦い 南部戦区』で検証してきたとおり、南部戦区ベールゴロド地区に投入された9個戦車師団の実際の戦車戦力は、17個戦車大隊相当にとどまっていた[注2]。実のところ、この9個のなかには数個の“機甲擲弾兵——機械化歩兵——師団”も含まれていたの

増加装甲板付きのIV号戦車G/H型。新品の車両である。前面の装甲厚は50㎜+30㎜の80㎜、もしくは1枚板で80㎜。また、サイドスカート（ドイツ語では前掛けを意味するるシュルツェンの名称で呼ばれる）が初めて第9戦車師団に支給された。［車体前面は30㎜厚の増加装甲を熔接した仕様。1943年5月から装着が始まったシュルツェンと、同月まで装備された発煙弾発射器が見えるので、クルスク戦の前に完成したIV号戦車G型ということになる。予備履帯のラックは棒状の押さえ金具が付属した初期のタイプだ］

だった。そのうえ、南方軍集団には言うに足るほどの戦車戦力の予備は皆無だった。

また、隷下戦車連隊の過半数が2個大隊編成だった。第3戦車師団、第6戦車師団、SS機甲擲弾兵師団『ライプシュタンダルテSSアードルフ・ヒットラー』、同『ダス・ライヒ』はまた例外で、『城塞』作戦に臨んだとき、各々1個大隊しか投入できなかった（ただし『ダス・ライヒ』は、鹵獲したT-34戦車25両で構成された増強戦車駆逐大隊を、いわば第2の戦車大隊として保有していたという特殊な事情はあるが）。

残る第7・第11・第19戦車師団、機甲擲弾兵師団『グロースドイッチュランド』、SS機甲擲弾兵師団『トーテンコップフ』は、編制表上の定数どおり、隷下戦車連隊に2個大隊を確保できていた（ただし、第19戦車師団の第II大隊は著しく弱体化していた）。

したがって、南方軍集団の理論上の戦車戦力は1,476両だったということになる。しかし、その実態は、上記の数字から受ける印象をいささか裏切るものだった。それらの戦車の多くが、もはや旧式化したIII号戦車だったからだ。

第9軍においても、状況は大差なかった。『城塞』作戦に投入された戦車連隊のうち、実際に2個目の大隊を保有しているところはひとつもなかった。第12戦車師団隷下の第29戦車連隊は、同連隊第8中隊をもって第II大隊を維持していることになっていたから、ささやかな例外と言えないこともないかもしれない。だが、そもそも第I大隊が3個中隊編成になっていたので、両大隊をあわせても4個中隊にしかならない。つまり建前は2個大隊であっても、本来の1個大隊分の戦力しか持ち合わせなかったのである。

加えて、以下のような問題点があった。

1. 第18戦車師団は、1個戦車大隊を擁するのみであり、しかも集められた戦力はⅣ号戦車29両にとどまった。第9戦車師団でも状況は似たようなもので、長砲身7.5cm砲搭載のⅣ号戦車31両が確保できたにすぎない。不足分は長砲身5cm砲搭載のⅢ号戦車を――第9戦車師団には51両、第18師団には10両――配することによって、ある程度は補われた。しかし、当時ソ連軍が運用していた戦車との射撃戦を想定すると、その大半に対して、5cm砲の装甲貫通力は不十分だった。

2. ふたつの重要な部隊が本作戦に参加していなかった。すなわち第5戦車師団（戦車102両）と第8戦車師団（同67両）である。あわせて169両の戦車を擁する両師団は、ソ連軍ブリャーンスク前線からの突破に備えて、攻撃地域側面の警戒にまわされていた［訳注／ソ連軍の“前線・フロント”はドイツ軍の“軍集団”に相当し、兵力はドイツの“軍”と同程度。方面軍とする訳書もある］。

3. 第10機甲擲弾兵師団は戦車大隊を保有していなかった。したがって“看板に偽りあり”とは言わないまでも、この師団名が誤解のもとになったことは確かだ。同じことが第XXXXVI戦車軍団にも当てはまる。“戦車軍団”を名乗りながら、その戦闘序列には戦車部隊がひとつもない。あるいはこれも作戦上の欺騙処置のひとつだったのだろうか？

4. 攻撃開始の時点で、第505重戦車大隊は3個中隊のうち1個を欠いていた。残る1個中隊は1943年7月8日まで大隊に合流できなかった。

結論として、第9軍がその攻撃地域に投入できた戦車師団は6個のみ、そのいずれも定数を満たしていなかった。そのほかに、名ばかりの“機甲擲弾兵師団”が1個あったが、これが戦車をまったく保有していなかったのは上述のとおり。というわけで、ドイツ軍がこの戦区で利用可能だった戦車をはじめとする装甲戦闘車両［前述の分類に従えば、軽装甲の対戦車自走砲などは含まない］は717両でしかない。それらが実質9個大隊――フェアディナント装備の2個大隊、ティーガー重戦車大隊、Ⅳ号突撃戦車大隊も含めれば――に分かれて配備されていたということになる。

この9個大隊が、戦車約1,500両と、たっぷり時間をかけて構築され、強化された重厚な防衛線を有する敵に直面したのだった。

戦車部隊の不足を突撃砲部隊の配備によって補おうという試みは、南方軍集団の例をしのぐほどの好結果を生み出せなかった。中央軍集団は、よく言われるように「南方軍集団より多くの突撃砲を持っていた」わけではない。1943年7月5日の時点で、中央軍集団が投入できた突撃砲および突撃榴弾砲は218両（門）、それに対して南方軍集団の登録簿には240両（門）との数字が確認できる。中央軍集団の保有数は、南方軍集団のそれより多いどころか、逆に22両少ない。また周知のとおり、突撃砲は戦車相手の攻勢作戦には必ずしも向いていたとは言えない。確かに多くの“戦果”をもたらしはしたが、だからと言って突撃砲が第9軍隷下で失われてゆく10個戦車大隊の代わりを務めることはできなかった。

中央軍集団の戦車大隊、重戦車駆逐大隊、重戦車（ティーガー）大隊、突撃砲大隊の戦力

師団	固有戦車部隊	戦車大隊／中隊の数
第2戦車師団	第3戦車連隊	2個大隊、ただし4個中隊編成は1個大隊のみ
第4戦車師団	第35戦車連隊	2個大隊、ただし4個中隊編成は1個大隊のみ
第9戦車師団	第33戦車連隊	2個大隊、ただし4個中隊編成は1個大隊のみ
第12戦車師団	第29戦車連隊	2個大隊、ただし第I大隊は3個中隊編成、第II大隊は1個中隊のみ（第29戦車連隊第8中隊）
第18戦車師団	第18戦車大隊	1個大隊、4個中隊編成
第20戦車師団	第21戦車大隊	1個大隊、4個中隊編成
第10機甲擲弾兵師団	なし	戦車大隊を保有せず

※使用した資料そのものに由来する、または編制表上の戦力と実際に投入可能だった戦力との差や、報告書記載日のずれに由来するデータの重複により、細かい数字に関しては、まだ変化する可能性がある。訂正事項があれば続巻で詳述する予定。

各戦車連隊の戦車保有数※

部隊	II号戦車	III号戦車（短砲身）	III号戦車（長砲身）	III号戦車（7.5cm）	IV号戦車（短砲身）	IV号戦車（長砲身）	指揮戦車	合計
第3戦車連隊第II大隊	1	-	12	20	1	62	3	99
第35戦車連隊第I大隊	-	-	-	15	1	76	3	95
第33戦車連隊第I大隊	-	8	45	-	4	31	5	93
第29戦車連隊第II大隊	6	15	15	6	1	36	4	83
第18戦車大隊	5	10	-	20	5	29	3	72
第21戦車大隊	-	2	10	5	9	40	7	73
合計	12	35	82	66	21	274	25	515

※II号戦車と38(t)戦車については、これを戦車戦力に含める出版物も多い。だが、これらは装甲車両としての戦闘任務に就くよりも、観測や弾薬運搬に従事したり、戦闘工兵部隊の車両として使われたりするのが一般的であって、戦車大隊内で使用されることはまれだった。結論から言えば、これらの戦車は1943年7月2日と同11日における各師団の装甲車両保有状況報告のなかに含まれているが（続刊で詳述予定）、個々の戦車大隊の戦力として数えられていたわけではない。

一例をあげれば、38(t)戦車9両が第20戦車師団の所属車両としてリストに記載されている。このうち3両は師団の対戦車大隊（第92戦車駆逐大隊）、3両は工兵大隊（第92機甲工兵大隊）、残る3両は砲兵連隊（第92機甲砲兵連隊）に配された。これらが戦車駆逐車や装甲救急車に改装された例もある。言うまでもなく、この種の車両は本書のリストには含めないものとする。

※第9戦車師団の日誌と報告書によれば、第33戦車連隊第I大隊はクルスク攻勢に投入されたが、第II大隊は投入されていない。

独立部隊の戦車保有数

部隊	ティーガー	フェアディナント	IV号突撃戦車（ブルムベーア）	合計
第505重戦車大隊	31	-	-	31
第656重戦車駆逐連隊（フェアディナント）	-	90	-	90
第656重戦車駆逐連隊（第216突撃戦車大隊）	-	-	42	42
合計（独立部隊）	31	90	42	163
合計（全装甲車両）				678

突撃砲部隊※

部隊	突撃砲
第177突撃砲大隊	21
第185突撃砲大隊	32
第189突撃砲大隊	31
第244突撃砲大隊	31
第245突撃砲大隊	31
第904突撃砲大隊	31
第909突撃砲大隊	31
合計	218

※第9軍が投入可能だった突撃砲は274ないし290両との説も一部で展開されている。ある歴史家が320両と述べている例もある。このように主張する人々は、現実に存在したよりも概して60両ほど多い数字をあげていることになる。

右ページ／第9戦車師団の第9機甲偵察大隊、1943年7月12日。サンドの上にグリーンの迷彩塗装は、どことなくイタリア戦線を思い出させる。[迷彩塗装の効果で車両の識別が難しくなる好例。手前はホルヒの中型野戦乗用車Typ 40、奥は7.5cm砲（右側）や2cm機関砲を搭載した8輪重装甲偵察車Sd.Kfz.231シリーズの群れ。空を仰いでいるのは右がMG42機関銃、左が4輪装甲偵察車Sd,Kfz. 222の2cm機関砲のようだ]

クルスク攻勢『城塞』作戦の全体像をきちんと把握するため、第5戦車師団および第8戦車師団に配備された戦車の数も、以下の表で確認しておきたい。ただし、前述したように両師団とも作戦には直接参加せず、前者は第2戦車軍の、また後者は第3戦車軍の司令部に配属されていた。第8戦車師団に関しては、1日だけ（1943年7月13日に）投入されているという例外的事実はあるにせよ、基本的にこれらの戦車は第9軍の作戦地域に投入されなかったので、以後、本書で扱ういかなるリストにおいても、これらが数に含まれることはないだろう。

第5戦車師団および第8戦車師団の戦車戦力

部隊	III号戦車（短砲身）	III号戦車（長砲身）	III号戦車（7.5㎝）	IV号戦車（短砲身）	IV号戦車（長砲身）	指揮戦車	合計
第31戦車連隊第II大隊（第5戦車師団）	-	-	17	-	76	9	102
第10戦車連隊第I大隊（第8戦車師団）	5	30	4	8	14	6	67
合計	5	30	21	8	90	15	169

ただでさえ戦車が不足していたのに加えて、中央軍集団が抱える（戦車を中心とした）装甲戦闘車両のなかで、少なくとも216両は、すでに旧式化したとみなされるタイプのものだった。それらの車両に、T-34やKV系列の戦車への対処能力は皆無である。たとえばIII号戦車の5cm砲では、遠距離にある76.2mm対戦車砲陣地と交戦することは不可能だった。

III号戦車N型は短砲身7.5cm砲を搭載していたので、辛うじて歩兵支援には利用できた。それほど強固に構築されたものでなければ、抵抗拠点の排除も可能だったろう。とは言え、機関銃陣地や対戦車ライフル拠点、小型対戦車兵器、簡単な木造の掩蔽壕などに対処する以上のことを彼らに求めるべきではなかった。ましてや彼らに戦車と渡り合うことを期待するなど、まったく非現実的な話だった。短砲身7.5cm砲搭載のIV号戦車にも同じことが言える。

長砲身5cm砲搭載のIII号戦車については、側面の牽制もしくは警戒任務に活用するというのが精一杯のところだったろう。ただし、同じように旧式化した（とは言え、III号戦車よりはいくらか新しい）ソ連戦車がそこに出現しない限りにおいて、という条件付きである。

また、IV号突撃戦車（ブルムベーア）を、いわゆる“戦車”と同列に扱うことはできない。そもそも本車両は、主として市街化地域で、機械化部隊の降車歩兵を支援することを想定して、それ専用に開発された。敵歩兵との近接戦闘——対戦車肉攻班に対する自衛手段を持たない点では、クルスク戦で新たに実戦

第20戦車師団第21戦車大隊［第21戦車連隊第III大隊のこと。3個大隊を擁する連隊が1個大隊規模にまで兵力を減じたのでこう呼ばれた］の301番車（第3中隊長車）。続く写真を見れば部隊章と“グデーリアン”の愛称が記入されているのがわかるが、この写真ではともに隠されている。IV号戦車の最新型は第20戦車師団にも配備された。

右ページ上／第9戦車師団のIII号戦車（長砲身）。オリジナルの師団章が上部車体前面装甲板の右肩に見えるが、これは『ツィタデレ』作戦の開始にあたって改められた。［戦車砲は口径5㎝の60口径長つまり砲塔内に隠れる部分を含めて長さ3mの砲身をもつ。III号戦車はこの5㎝砲によってようやく当初計画された攻撃力を備えたが、すでにクルスク戦時にはソ連戦車に対して非力であり、“遅れてきた新型戦車”となってしまった。写真はL型の仕様を先取りしたJ型の後期タイプのようだ。J型は'43年7月まで、L型は同6月から生産された］

右ページ下2点／馬上の騎士の部隊章は第9戦車師団第33戦車連隊から来ている。第21戦車大隊第3中隊長は、かつて第9戦車師団に所属していた。砲塔シュルツェンの番号は切れ目なく描かれており、ステンシル型を使ってスプレーされたものではない。

421

301

301

前ページの車両と同じ第3中隊の車両。愛称“モーデル”。［ハッチ開口部の断面は車体内部色（白色）のようだが、ハッチの車内側は白だと開いたときに目立つので、外装と同じ塗装が施されているのに注意］

伝説の“ロンメル”も登場する。周囲の枝が芽吹いているのを見れば、季節は春であることがわかる。

投入されたフェアディナント駆逐戦車と同様である。

フェアディナントは、それまでまったく実戦を経験していなかった。クルスクに投入された90両は、機械的脆弱さに起因する多くの問題点を露呈した。投入された先々で、強力な8.8cm砲が、それらの問題点を相殺するほどの働きをしたとは言え――。

一方、無線誘導式の装薬運搬車を装備した3個戦車中隊の存在も忘れてはならない。すなわち第312・第313・第314戦車中隊（無線誘導）である。それぞれ長砲身5cm砲搭載のⅢ号戦車7両、短砲身7.5cm砲搭載のⅢ号戦車3両、Ⅲ号突撃砲17両が配備されていた。それらの車両は、装薬運搬車が地雷原を除去するまで、それを守り、誘導するのが主任務だった。

というわけで、現実的に判断すれば、第9軍は、ソ連軍戦車部隊と交戦能力のある装甲車両を――90両のフェアディナントを含めて――426両しか確保できていなかったということになる。

その第9軍の作戦地域で、歩兵が果たした役割は決して軽視されてよいものではない。想定される南部戦区の戦場において、歩兵の主たる任務は、攻撃重点の側面警戒にあった。彼らは立派にその務めを果たした。さらに、第9軍の作戦地域においては、歩兵部隊が――多くは装甲車両の支援もほとんど望めないまま――ソ連軍防衛線の突破を課せられる場合もあった。実に驚くべきことに、彼らはそうした任務においても、好結果を出している。

少なくとも、第XXXXVI戦車軍団の側面に位置した第7および第31歩兵師団の攻撃の第1段階では。第XXⅢ軍団側面の第78突撃師団、第216歩兵師団の攻撃も好調に進んだ。その他、8個歩兵師団――第6・第45・第72・第86・第87・第137・第251・第292――が同様の任務に投入され、うち何個師団かは非常に熾烈な戦闘に巻き込まれた。これらの師団の兵士たちが示した勇気と自己犠牲の精神について語ろうとすれば、それだけでまた1冊の本ができあがるだろう。

北部戦区における『城塞』作戦推進のいちばんの擁護者だっ

たフォン・クルーゲ元帥は、麾下の機甲部隊をはじめとする野戦軍各部隊の状況について、正しく知らされていなかったように思われる。確かに、東部戦線が開かれて以来、ドイツ軍は圧倒的優勢を誇る敵を相手に戦うことに慣らされてきた。だが、このときフォン・クルーゲは、ソ連軍の能力もまた進化してきたという事実をどうやら見落としていたらしい。

数的、物量的優勢を頼みとするソ連軍の戦術にほとんど変化はなかった一方で［注3］——それとは反対の主張がなされることも多いのだが——、彼らは兵器開発の分野では著しい成果をあげていたのだ。その結果、彼らの戦車や航空機は、ドイツ軍の装備品と比較しても遜色ないものになっていた。それどころか、一点ずつ取り上げて比較検討すれば、ソ連製の装備の方がドイツ製のそれより優れているというケースさえあった。そのうえ、製造方法についても——特に量産態勢という見地から見ると、ソ連がドイツより優れていたとは言わないまでも、確実に対等の位置にあった。

ドイツは優秀な戦車を作り出したが、それらはあまりに洗練されすぎていて、保守整備に多くの手間を要した。そのために、生産効率や運用面に問題が生ずることにもなった。

第9軍司令官モーデル上級大将は、麾下野戦軍に課せられた任務を完遂できるとは必ずしも考えていなかった。彼に言わせれば、これは危険な任務だった。本シリーズ続刊であらためて指摘することになるだろうが、作戦が第2段階に入ると、彼と彼の麾下野戦軍は、一見絶望的な状況下で最善を尽くした。彼は情勢の変化を戦略的レベルで確実に理解していただけでなく、その変化に適切に対応することに関して、並はずれた手腕を示した。だが、それでもすべては遅すぎたようだ。古くからの格言に言うとおり「誰であれ自分にできないことをする義務はない」のだから、モーデルにもそれを求めるのは筋違いというものだろう。

シュコダ社製の38(t)戦車を改装した弾薬運搬車、1943年秋。［38(t)戦車の製造メーカーはチェコのČKD（ドイツの占領によってBMMに改称）。1942年以降、旧式化した38(t)の砲塔は固定式砲台へ転用、車台は自走砲に改造されるほか弾薬運搬車としても利用された］

第4戦車師団も新品のIV号戦車（長砲身）を受領した。同型の車両79両を保有する同師団は、クルスク北部戦区で最も装備の充実した部隊のひとつに数えられた。［第4戦車師団第35戦車連隊のIV号戦車H型］

原注

［2］このなかには第503重戦車大隊と2個パンター大隊——第51および第52戦車大隊——が含まれる。また、これは予備の第17戦車師団、第23戦車師団、SS戦車師団『ヴィーキング』が保有する各1個大隊も含めての数字である。ただし、攻撃重点に投入された3個のSS師団の各ティーガー中隊と、機甲擲弾兵師団『グロースドイッチュランド』のティーガー中隊は含まれていない。これら4個のティーガー中隊を合わせれば、従来の戦車大隊1個の戦力を上回る計算にはなるのだが。

［3］『バルバロッサ』からベルリン陥落に至るまでの独ソ戦の全期間を通じて、ソ連側がどのような戦略に基づき、どのような戦術を採用したかは、彼らの損耗数が雄弁に物語っている。なかには「ソ連邦の英雄」の称号を獲得しながら、麾下の勇敢な兵士を数百万人の単位で死なせたことを悔いている将官もいることだろう。

右ページ上／集結地へ向かって鉄道移送される第505重戦車大隊第2中隊のティーガー。手前の車両の砲塔に“223”の番号が読みとれる。その前後の車両は、ソ連兵が這い登ってくるのを防ぐための有刺鉄線を車体側面に張り巡らせている。［8月30-31日にクルスクの戦線を離脱した大隊が、スモレンスク東部地区へ向けて移動したときに撮影されたとされる写真（『重戦車大隊記録集❶』P.278参照）の状況に酷似している］

右ページ下／鉄道移送されるフェアディナント重駆逐戦車。自走行軍でエンジン系統の部品や走行装置に負担がかかるのを避けるため、戦車をはじめとする装甲車両は、できるだけ鉄道移送されることになっていた。［6月上旬、オーストリアからクルスク戦のためにオリョールに向かって送り出される第653重戦車駆逐大隊の車両ではないだろうか］

DR

7.5㎝48口径長戦車砲を搭載したⅣ号戦車H型。1943年4月から生産が開始され、43口径長戦車砲搭載のG型とともに、クルスク戦に投入されている。

右ページ上／多くの部隊が、保有車両の“アップグレード”を図り、前線改修を実施した。この5㎝38式対戦車砲は、Ⅱ号戦車のシャシーに搭載されている。未塗装の装甲板に、切断の際に寸法をチョークでメモ書きした跡が残っている。

右ページ下／この現場改修で取り付けられた防護板は、工場で量産されたマーダーⅡ戦車駆逐車（対戦車自走砲）に装備されている防盾と、ほとんど遜色がない（?）出来栄えである。

第505重戦車大隊第1中隊のティーガー。砲塔の番号は“114”か? 車体側面に張り巡らせた有刺鉄線が目を惹く。[大隊は『ツィタデレ』作戦を前にして、車体によじ登ろうとする対戦車肉薄攻撃班に対処するため、車体にこの処置を施した]

右ページ2点/およそあり得ないロケーション——ティーガーの車上!——での結婚式。おそらく花婿は大隊員なのだろう。民間人の参列者はドイツ本国からわざわざやってきた親族か。花嫁を含めて何人かはドイツの農民の伝統的衣装に身を包んでいる。

マーダーIIIの初期生産型は、より適切な38(t)戦車のシャシーを砲架に転用したという以外に、前出の即製自走砲と大差ない。実のところ、車高が高すぎるという重大な欠点も抱えていた。[ソ連軍から捕獲した76.2mm野砲F22を搭載したマーダーIIIは、IV号戦車の長砲身型やPaK40対戦車砲と同等かそれ以上の威力をもつ。戦車駆逐部隊に配備された同車は、それらが前線に現れるまでの劣勢を補ったと評価されている]

第9軍の作戦地域に火焔放射戦車は投入されていない。その代わりとして、火焔放射器搭載のSd.Kfz.251/16、いわゆる中型火焔放射装甲車が使用された。本車両の乗員は3名である。[ただし、写真のSd.Kfz.251D型は1943年9月以降に生産されたタイプである]

ソ連軍の編制
Soviet Organization

　モーデル上級大将が端的に評したところによると、ソ連軍ブリャーンスク前線の防衛戦力は、敵ながら感銘を受けるほどに強大であり、彼らに対して奇襲の余地はありそうもなかった。ソ連軍の防御陣地帯は、ルフトヴァッフェが撮影した大量の航空写真にも、はっきりと捉えられていた。だが、フォン・クルーゲ元帥だけは、そうしたソ連側の熱意と防衛努力にも、たいして心を動かされなかったらしい。もっとも、ソ連軍の強さは、その防御力にのみ立脚していたわけではない。つまり、その攻撃力も相応じて強大なものだった。ブリャーンスク前線は、ヴォローネジ前線と同等の攻撃力を備えていた。モーデルの第9軍は、『城塞』作戦の初日から、熾烈な戦闘を通じてそれを確認することになるのだった。

中央前線（ロコソフスキー）

部隊	中／重戦車	軽戦車	(対戦車)自走砲	37/45mm砲	57mm対戦車砲	76.2mm砲	85mm砲	122mm砲
第1541自走砲連隊(前線予備)	-	-	16	-	-	-	-	-
第21迫撃砲旅団(120mm迫)	-	-	-	-	-	-	-	-
第21NKVD旅団	-	-	-	-	-	-	-	-
第68カノン砲旅団	-	-	-	-	-	-	-	-
第8懲罰大隊	-	-	-	2（45mm）	-	-	-	-
第19独立戦車軍団(予備)(ヴァシリーイェフ)								
第79戦車旅団	32	21	-	-	-	4（対戦車砲）	-	-
第101戦車旅団	32	21	-	-	-	4（対戦車砲）	-	-
第202戦車旅団	32	21	-	-	-	4（対戦車砲）	-	-
第26自動車化狙撃旅団	-	-	-	24（45mm）	-	12	-	-
第9独立戦車軍団(前線予備)(ボグダーノフ)								
第23戦車旅団	32	21	-	-	-	4（対戦車砲）	-	-
第94戦車旅団	32	21	-	-	-	4（対戦車砲）	-	-
第108戦車旅団	32	21	-	-	-	4（対戦車砲）	-	-
第133親衛迫撃砲旅団	-	-	-	-	-	-	-	-
第1454自走砲連隊	-	-	25（SU-76/122）	-	-	-	-	-
第1455自走砲連隊	-	-	25（SU-76/122）	-	-	-	-	-
第730対戦車砲大隊	-	-	-	-	-	-	12	-
第8自動車化狙撃旅団	-	-	-	24（45mm）	-	12	-	-
第13軍（プーコフ）								
第129戦車旅団	65	-	-	-	4	4（対戦車砲）	-	-
第43戦車連隊	32	7	-	-	-	-	-	-
第48戦車連隊	32	7	-	-	-	-	-	-
第58戦車連隊	32	7	-	-	-	-	-	-
第27親衛戦車連隊	21（KV戦車）	-	-	-	-	-	-	-
第30親衛戦車旅団	21	-	-	-	-	-	-	-
第1対戦車砲旅団	-	-	-	20（45mm）	-	40（対戦車砲）	-	-
第13対戦車砲旅団	-	-	-	20（45mm）	-	40（対戦車砲）	-	-
第1442自走砲連隊	-	-	16	-	-	-	-	-
第2対戦車砲旅団／師団	-	-	-	60（45mm）	-	-	-	-
第294狙撃旅団	-	-	-	24	-	12	-	-
第15軍団								
第8狙撃師団	-	30	-	54（45mm）	-	38	-	12
第74狙撃師団	-	30	-	54（45mm）	-	38	-	12

部隊	中／重戦車	軽戦車	(対戦車)自走砲	37/45mm砲	57mm対戦車砲	76.2mm砲	85mm砲	122mm砲
第148狙撃師団	-	30	-	54（45mm）	-	38	-	12
第17親衛軍団								
第6親衛狙撃師団	-	-	-	48（45mm）	-	36	-	12
第70親衛狙撃師団	-	-	-	48（45mm）	-	36	-	12
第75親衛狙撃師団	-	-	-	48（45mm）	-	36	-	12
第18独立親衛軍団	-	-	-	-	-	-	-	-
第2空挺師団	-	-	-	-	-	-	-	-
第3空挺師団	-	-	-	-	-	-	-	-
第4空挺師団	-	-	-	-	-	-	-	-
第254狙撃師団	-	30	-	54（45mm）	-	38	-	12
第29軍団								
第15狙撃師団	-	30	-	54（45mm）	-	38	-	12
第81狙撃師団	-	30	-	54（45mm）	-	38	-	12
第307狙撃師団	-	30	-	54（45mm）	-	38	-	12
第36軍団（オリョーシェフ）								
第4突破砲兵軍団								
第5突破砲兵師団	-	-	-	-	-	-	-	-
第12突破砲兵師団	-	-	-	-	-	-	-	-
第5迫撃砲師団	-	-	-	-	-	-	-	-

部隊	中／重戦車	軽戦車	(対戦車)自走砲	37/45mm砲	57mm対戦車砲	76.2mm砲	85mm砲	122mm砲
第2戦車軍（ローディン）								
第11親衛戦車旅団	65	-	-	-	4	4（対戦車砲）	-	-
第130対戦車砲連隊	-	-	-	20（45mm）	-	-	-	-
第563対戦車砲連隊	-	-	-	20（45mm）		-	-	12
第16戦車軍団								
第107戦車旅団	32	21	-	4（45mm）	-	4（対戦車砲）	-	-
第109戦車旅団	32	21	-	4（45mm）	-	4（対戦車砲）	-	-
第164戦車旅団	32	21	-	4（45mm）	-	4（対戦車砲）	-	-
第1441自走砲連隊	1	-	16	-	-	-	-	-
第15自動車化狙撃旅団	-	-	-	24（45mm）	-	12	-	-
第226迫撃砲連隊	-	-	-	-	-	-	-	-
第89親衛迫撃砲大隊	-	-	-	-	-	-	-	-
第51オートバイ大隊	-	-	-	-	-	-	-	-
第614対戦車砲連隊	-	-	-	20（45mm）	-	-	-	-
第729対戦車砲大隊	-	-	-	-	-	-	12	-
第3戦車軍団								
第103戦車旅団	32	21	-	4（45mm）	-	4（対戦車砲）	-	-
第50戦車旅団	32	21	-	4（45mm）	-	4（対戦車砲）	-	-
第51戦車旅団	32	21	-	4（45mm）	-	4（対戦車砲）	-	-
第121対空砲連隊	-	-	-	-	-	-	-	-
第234迫撃砲連隊	-	-	-	-	-	-	-	-
第57自動車化狙撃旅団	-	-	-	24（45mm）	-	12	-	-
第74オートバイ大隊	-	-	-	-	-	-	-	-
第728対戦車砲大隊	-	-	-	-	-	-	12	-
第881対戦車砲大隊	-	-	-	20（45mm）	-	-	12	-
第7親衛機械化軍団								
第12戦車連隊	32	7	-	-	-	-	-	-
第13戦車連隊	32	7	-	-	-	-	-	-
第215戦車連隊	32	7	-	-	-	-	-	-
第57親衛戦車旅団	32	21	-	4（45mm）	-	4（対戦車砲）	-	-
第24親衛機械化旅団	32	7	-	12（45mm）	-	12	-	-

部隊	中／重戦車	軽戦車	（対戦車）自走砲	37/45㎜砲	57㎜対戦車砲	76.2㎜砲	85㎜砲	122㎜砲
第25親衛機械化旅団	32	7	-	12（45㎜）	-	12	-	-
第26親衛機械化旅団	32	7	-	12（45㎜）	-	12	-	-
第48軍								
第16狙撃師団	-	30	-	54（45㎜）	-	38	-	12
第73狙撃師団	-	30	-	54（45㎜）	-	38	-	12
第137狙撃師団	-	30	-	54（45㎜）	-	38	-	12
第143狙撃師団	-	30	-	54（45㎜）	-	38	-	12
第170狙撃師団	-	30	-	54（45㎜）	-	38	-	12
第202狙撃師団	-	30	-	54（45㎜）	-	38	-	12
第399狙撃師団	-	30	-	54（45㎜）	-	38	-	12
第45戦車連隊	32	7	-	-	-	-	-	-
第193戦車連隊	32	7	-	-	-	-	-	-
第229戦車連隊	32	7	-	-	-	-	-	-
第2対戦車砲旅団	-	-	-	20	-	40	-	-
第20対戦車砲旅団	-	-	-	20	-	40	-	-
第1540自走砲旅団	-	-	16	-	-	-	-	-
第60軍								
第1親衛砲兵師団	-	-	-	-	-	-	-	-
第14対戦車砲旅団	-	-	-	-	-	16（ZIS-3）	-	-
第55狙撃師団	-	30	-	24（45㎜）	-	38	-	12
第141狙撃師団	-	30	-	24（45㎜）	-	38	-	12
第150戦車旅団	65	-	-	-	4	4（対戦車砲）	-	-
第24軍団								
第112狙撃師団	-	30	-	24（45㎜）	-	38	-	12
第226狙撃師団	-	-	-	-	-	-	-	-
第129狙撃旅団	-	-	-	54（45㎜）	-	38	-	12
第248狙撃旅団	-	-	-	24（45㎜）	-	12	-	-
第30軍団								
第121狙撃師団	-	30	-	54（45㎜）	-	38	-	12
第322狙撃師団	-	30	-	54（45㎜）	-	38	-	12
第42狙撃旅団	-	-	-	24（45㎜）	-	12	-	-
第65軍								
第149狙撃師団	-	30	-	54（45㎜）	-	38	-	12
第181狙撃師団	-	30	-	54（45㎜）	-	38	-	12
第193狙撃師団	-	30	-	54（45㎜）	-	38	-	12
第29親衛戦車連隊	21（KV戦車）	-	-	-	-	-	-	-
第40戦車連隊	32	7	-	-	-	-	-	-
第84戦車連隊	32	7	-	-	-	-	-	-
第255戦車連隊	32	7	-	-	-	-	-	-
第77軍団								
第60狙撃師団	-	30	-	54（45㎜）	-	38	-	12
第69狙撃師団	-	30	-	54（45㎜）	-	38	-	12
第194狙撃師団	-	30	-	54（45㎜）	-	38	-	12
第246狙撃師団	-	30	-	54（45㎜）	-	38	-	12
第354狙撃師団	-	30	-	54（45㎜）	-	38	-	12
第115狙撃旅団	-	-	-	24（45㎜）	-	12	-	-
第70軍（ガラーニン）								
第175狙撃師団	-	30	-	54（45㎜）	-	38	-	12
第240戦車連隊	32	7	-	-	-	-	-	-

部隊	中／重戦車	軽戦車	(対戦車)自走砲	37/45㎜砲	57㎜対戦車砲	76.2㎜砲	85㎜砲	122㎜砲
第251戦車連隊	32	7	-	-	-	-	-	-
第28軍団								
第102狙撃師団	-	30	-	54（45㎜）	-	38	-	12
第106狙撃師団	-	30	-	54（45㎜）	-	38	-	12
第132狙撃師団	-	30	-	54（45㎜）	-	38	-	12
第140狙撃師団	-	30	-	54（45㎜）	-	38	-	12
第162狙撃師団	-	30	-	54（45㎜）	-	38	-	12
第211狙撃師団	-	30	-	54（45㎜）	-	38	-	12
第280狙撃師団	-	30	-	54（45㎜）	-	38	-	12
合計	1,251	399［注4］	114	2,530	12［注5］	1,894	60	468［注6］

※表中、迫撃砲旅団の主装備は一般に120㎜迫撃砲、親衛迫撃砲旅団の装備は130㎜ロケット砲BM-13（カチューシャ）。突破砲兵師団は1942年に16個師団が編成された司令部直属の予備砲兵。装備は機動性がある76.2㎜師団砲Zis-3、F-22、F-22USVで、1943年4からは最高司令部の予備砲兵部隊として、突破砲兵師団2個と迫撃砲師団1個から成る、突破砲兵軍団が設立された。［この頁の監修／高田裕久］

戦車1,650両、対戦車自走砲114両、そして対戦車戦闘に投入可能なものだけでも5,000門にのぼろうかという途方もない数の野砲。これらが第9軍の眼前に立ちふさがっていた。加えて、152㎜榴弾砲や“カチューシャ”の愛称で知られる多連装ロケット弾発射器などの間接射撃火器も控えていた。かくも膨大な数の兵器と兵員の存在を、フォン・クルーゲは本当に知らなかったというのだろうか？

ともあれ、上記の装備・編制表の“中／重戦車”の項目に関連して、若干の戦車旅団が、いわゆるレンド - リース法に基づいてソ連に供与された“グラント将軍”や“チャーチル”装備だったことを述べておかねばならない。ソ連側の証言によれば、これらの供与戦車は、装甲が厚いというので戦車兵のあいだでは人気が高かった。もっとも、“ジェネラル・グラント”は『鋼鉄の7人用棺桶』とも呼ばれていたというのだが［訳注／“ジェネラル・グラント”ことM3中戦車には、車長、砲塔の37㎜戦車砲砲手と装填手、操縦手、通信手、車体スポンソンの75㎜戦車砲砲手と装填手の7人が乗り込んで戦った］。“ヴァレンタイン”歩兵戦車などは、自動車化狙撃師団に配されることが多かったようだ。

しかし、正確にどの型式の車両が、どの部隊に配備されていたかというのは、ほとんど明らかにされていない。当時のソ連軍の戦闘序列については、未だ謎の部分が多く残されている。

ソ連の航空戦力

ソ連空軍　第16航空軍
　第1親衛戦闘機師団
　第283戦闘機師団
　第2親衛迎撃機師団
　第271夜間爆撃機師団

第30襲撃航空軍団
第6戦闘航空軍団
　第273戦闘機師団
　第279戦闘機師団
　第6混成航空軍団
　第221爆撃機師団
　第241爆撃機師団
　第282戦闘機師団
　第301爆撃機師団

以上あわせて1,025機ほどが確保されたが、うち455機が戦闘機（当時の最新鋭機ラーヴォチキンLaGG - 5FNも少数ながら含まれている）、260機が昼間爆撃機、74機が夜間爆撃機だった。これらに加えて、西部前線左翼の支援にあたっていた航空戦力およそ250機が、緊急時即応の予備として待機していた。総じて、ソ連軍がクルスク戦に投入可能だった航空機は約2,600機にのぼる。

原注

［4］軽戦車については、各狙撃師団に配備された30両を計上するなら、総計は1,050両になる。しかし、彼らが常にその軽戦車の支援を受けられたのかどうかは疑問視されており、そのためにこの数字もあまり意味をなさないものとして無視されてきた。軽戦車が実際に1,050両もあったのだとすれば、中央前線の戦車保有数は、ほぼ2倍に跳ね上がることになる。

［5］この数字が正確なものだとしても、実際に現物が支給されたかどうかは不明である。

［6］122㎜砲は、76.2㎜砲と同様に、装甲目標に対して直接射撃方式で使用されることもあった。

KV-1SはKV-1重戦車の改良型である。装甲厚が増して、輪郭が改められた。[KV-1Sは最初のKV-1のレベルまで車体装甲厚を減じ、砲塔を再設計するなどして軽量化を図ったモデル。新型の変速機によって高速性と信頼性を得た。写真は第6親衛突破戦車連隊の連隊長車といわれ、同じときに撮られた複数の別テイクが見られる]

KV 1Sの、いかにも窮屈そうな砲塔内部。[KV-1の車内として知られる写真だが、狭いことに変わりはない。主砲の砲尾を挟んで左に砲手用の直接照準器、右に同軸機銃が見える。天井からは2基のペリスコープが突き出し、機銃の円形弾倉5個が収納されている]

ドイツ兵にとってはなはだ驚異的だったJSU152。この重自走砲はティーガーやパンターを撃破する能力があるとして“野獣殺し”の名でも通っていた。とは言え、必ずしもソ連のプロパガンダそのままの戦果をあげたとは限らない。砲口初速の遅い152㎜砲の対戦車性能は、意外に期待はずれだったからだ。

ソ連軍もやはり鹵獲したドイツ軍の装備を利用するのを好んだ。写真は76.2㎜対戦車砲（ZIS-3野砲）を牽引する鋲接車体のSd.Kfz.251（C型）。1943年6月、オリョーイン近辺。

地形や敵の野堡は常に監視の対象である。

ドイツ側から見たクルスクの戦い——日々の戦闘の記録——

The Operation from the German Perspective: Day-by-Day

第二次世界大戦が終結し、代わって冷戦が始まった頃から、当初は東側陣営の歴史家によって、その後は西側諸国の多くの歴史家によっても、広く唱えられてきた説がある。ソ連軍最高統帥部《スターフカ》は敵の動きをすべて掴んでいた、というのがそれだ。あまねく張り巡らせた対独情報網で、ソ連側はドイツ軍の意図を正確にすくい上げていた。特に、彼らの諜報員《エージェント》のひとり、暗号名"ルーシー"ことルードルフ・レスラーのすばらしい働きによって——。この話は、長いあいだ公然とささやかれ、すっかり定説と化したようだ。

レスラーは、ある謎の諜報員"ヴェールター(ウェルテル)"から貴重な情報を得ていた。この"ヴェールター"の正体は、今日なお不明である。ともかくも、1942年4月を皮切りに、レスラーは自分が得た情報を"ドーラ"ことシャーンドール・ロドー(ラドー)なる人物に渡している。そして"ドーラ"がそれをモスクワに送ったのだ。スイスに拠点を置く彼らの活動を、スイス政府の情報機関が黙認していたことは言うまでもない。レスラーは大戦を生きのびて、1958年、"ヴェールター"の秘密を抱えたまま墓に入った。

スターリングラード以来、ソ連の軍事指導部は、ドイツが計画しているすべての作戦行動を、その詳細に至るまで把握していたと言われている。ハルダー上級大将の証言によれば、"ルーシー"に情報を提供していた"ヴェールター"とは、ドイツ国防軍最高司令部の一員でしかあり得ないという。何しろソ連側は『城塞』作戦の発動日さえ知っていたとも言われているのだから。

すでに40年に渡ってソ連政府は、その情報機関の活動の成果により、国の内外で起こりつつあることのすべてを把握しているのだと警告を発することができる態勢にあった。当局は全部お見通しだ——というわけで、ソ連邦内の一般市民はもとより、外国の敵勢力も、自分たちが常に監視され、警告されているという感覚から逃れられなかった。「馬鹿な企てはよせ。我々は何でも知っているぞ。」

なるほどそうだとしても、『城塞』作戦に関して、やはり問わずにはいられない疑問がふたつばかり残っている。すなわち——

1. ソ連当局は、本当にすべてを知っていたのか？　それとも、航空偵察や無線の傍受、秘密情報員の報告書から得られる、しばしば矛盾した情報がせいぜいだったのか？　後者だとした場合、"ルーシー"筋からの情報は受け取っていなかったと考えなければならないが。もしかすると私たちは、戦後のプロパガ

集結地を目指す第9戦車師団の自走15cm砲フンメル。工場から出てきたばかりの新品らしく、何の迷彩塗装も施されていない。[IV号戦車のものと同じ後部フェンダー、大きな筒型マフラーなど、フンメル初期型の後面ディテールがよくわかる。開放式の上面を覆う行軍用のキャンバス製カバーにも注目]

パルチザンに破壊されたゴーメリ〜ブリャーンスク線のヴィゴーニチの鉄橋。応急修理が実施されたところ。

師団架橋部隊の施工による仮設橋。戦車をはじめとする装甲車両のために設けられた。

作戦発動を目前に控えた7月4日の夜、最後に到着した戦車群。

ンダによって大幅に脚色された“『城塞』作戦にまつわるスパイ物語《ストーリー》”に踊らされているだけではあるまいか？

『城塞』作戦当時、ドイツ軍もまた、ソ連軍の部隊や装備・兵器システム、攻守の重点の大半を――彼らの欺騙工作《マスキローフカ》にもかかわらず――特定することができた（欺騙作戦の実例については続刊で紹介予定である）。それも、たいした困難もともなわず、特別な諜報員も使わずに。

ひるがえって、ソ連軍にとっても、ドイツ軍がハリコフでの勝利以来、オリョール屈曲部へ大々的に戦力を集めていることを確認するのは簡単だった。

2. これは既刊『南部戦区』編でも提示した疑問であり、筆者なりの答えも紹介したのだが、ここであらためて問いなおしたい。スターフカがドイツ軍の作戦の詳細を言われているほどには知らなかった、もしくはほとんど知らなかったとすれば、ただでさえ少ないとは言えないソ連軍の損耗数は、どれほど跳ね上がることになっただろうか？

もっとも、途方もない規模の防御陣地帯に集められた膨大な数の兵員・器材のことを考えれば、これがあまり意味のない質問であることは筆者も承知している。実際、ソ連軍は多くのことを知っていた。ところが、まさにその事実によって、ソ連軍のすぐれた戦略や彼らなりの新たな原則に基づいた戦術、しかも彼らが頻繁にそれを実行してみせたことなどが、まるで余計な問題と言わんばかりに無視されてしまう傾向にある。

結局のところ、ソ連軍の損耗数は圧倒的な物量と兵員の数的優勢、そして「すぐれた戦略」にもかかわらず――つまりこうした要素に左右されることなく、従来どおりの数値に落ち着いてしまったようだ。何十年かのあいだ、『城塞』作戦その他の会戦におけるソ連軍の損耗数は、特に問題にもされなかった。また「問題にもされなかった」からこそ、ソ連軍の優勢神話が廃《すた》れることなく生き続けられたとも言える。しかし、ここ数年で、その神話も崩れつつある。ただひとつ変わらずに残っているのは、個々のソ連軍兵士が勇敢に戦ったというその事実だけである。

もうひとつ、驚くべき話が伝わっている。ソ連軍は、スロヴェニア人の脱走兵とドイツ第6歩兵師団第6工兵大隊員ブルーノ・フェルメラを捕らえ、両者の供述を得てはじめて『城塞』

作戦開始の時刻を知ったというのである。それが7月4日と、同日夜から翌5日未明にかけての出来事だった。少なくとも『大祖国戦争』のクルスク神話風に言えば、そういうことになっている。また、作戦発動は7月3日から6日のあいだと“予測されていた”。その一方で、ヒットラーが7月2日に総統大本営ヴォルフスシャンツェで宣言した発動日は、7月5日だった。

つまり、明らかに“ルーシー”の活動によっても埋めることのできなかった情報の空白というものが存在したのだ。だが、ここでこれ以上ソ連の情報機関の能力に疑いを差しはさむことは控えたい。ただ、戦後のプロパガンダの過剰さを指摘するにとどめておこう。彼らの意図がどこにあったのかも、今ではもう明らかになっているのだから。

クラウスマッファイ製8トン牽引車が、故障して動けなくなったヘンシェルのタイプ33トラックを路外に引き出そうとしている。故障車両は速やかに撤去し、前線に通ずる道路は常に空けておくのが鉄則だった。［半装軌式の8トン牽引車は、開発したクラウスマッファイだけでなく、ボルクヴァルトとザウラーの両社でも生産が分担された］

前線に向かう第20戦車師団第21戦車大隊第2中隊の車両。写真手前から画面の奥に向かって、砲塔番号224、223、222、221まで確認できる。なお、このIV号戦車G型の小隊の各車両はシュルツェンを装着していない。［車長司令塔（キューポラ）のハッチはG型の後期生産仕様で写真の両開き式から円形の一枚板に変更され、H〜J型まで踏襲される］

224

同じく第21戦車大隊第2中隊の車両、201番車を先頭に。[前線において、このように遮蔽物のない開豁地で偽装もなしに密集隊形を取るのは多大なリスクをともなう。この一連の写真は撮影のためのセッティングによって撮られたもので、あえて車間距離を詰めているのだと思われる]

202

1943年7月4日

天候：晴れ、ところにより曇り。午後、にわか雨。

ドイツ側にとっては、まさに「嵐の前の静けさ」だった。誰もが出撃の準備に余念がなかった。攻撃は幅60㎞に渡って展開されることになっていた。最終命令が下達され、臨時配属部隊が揃う。“戦闘団”は隊形を整え、各級部隊は指定の集結地区あるいは出撃陣地に入った。進撃路を確保しておくため、故障して動けなくなった車両は路上から撤去された。

第6歩兵師団戦区は、終日ソ連軍の――ここ数日と比べていくぶん活発な――火砲および小火器の射撃に見舞われたが、深刻な被害は出なかった。敵の集中砲撃に対しては、友軍砲兵がこれに応え、効果的に排除した。夕方遅くには、拡声器を使って流されるソ連のプロパガンダ放送が、前線沿いのそこ此処に響き渡っていた。

ほぼ2000時、各部隊で総統命令が読み上げられた。2200時、遠距離偵察の結果をもとに、第9軍は隷下各師団に向けて、ソ連軍の激しい砲撃の可能性および航空戦力による何らかの対抗措置がとられる可能性ありと警告を発した。

工兵部隊は、夜を徹して地雷原に通路を啓開する作業にあたった。すでに述べたように、第XXXXI(41)戦車軍団および第XXXXⅦ(47)戦車軍団戦区で、こうした任務を遂行中の工兵隊員が何名か捕虜として捕らえられている。

左ページ／後続する202番車。注意深く観察すると、砲塔に描かれた数字の輪郭に切れ目が入っているのがわかる。[砲口と車体前方機銃にカバーをかけた行軍スタイルや、ダークイエロー地にオリーブグリーンによる明確な迷彩パターンに注意]

第2中隊長の搭乗車両“201”の細部をご覧いただきたい。[左右ページともに7.5㎝砲の右側に簡略型のアンテナ避けが付属し、50㎜厚の前面装甲に30㎜厚の増加装甲を熔接留めしたⅣ号戦車G型だが、201号車には操縦手視察窓の上にペリスコープの切り欠きが見える。中隊長車よりも中隊本部2号車のほうが、仕様としては若干新しい]

221番車と222番車。予備転輪3セットと後部デッキの木箱が目を惹く。[このIV号戦車は車体後部中央に燃料トレーラー用の牽引具を装備している。その下側、本来の牽引ピントルには僚車の回収などに備えて予め牽引ワイヤーがセットされている。]

第9戦車師団所属のSd.Kfz.251/6中型指揮統制車両が集結地へ向かう。

回収と牽引にはソ連軍から鹵獲した車両も使われた。写真はZis-5牽引車である。[写真はスターリングラード・トラクター・プラント（STZ）で作られた、自重6トン・牽引力4トンの中型牽引車STZ-5。主に122㎜や152㎜重榴弾砲の牽引車として使用された。これを捕獲したドイツ軍もCT3 601（r）の外国兵器名称で利用している]

『ツィタデレ』作戦は、シュトゥーカ（急降下爆撃機）が大規模投入された最後の作戦でもあった。写真では、ユンカースJu87Dに、SC 250高性能爆弾が懸吊されようとしている。

観測用の気球。最新技術の結晶のような兵器を駆使する一方で、ドイツ軍にもこのように原始的な装備に頼る場面が残されていた。

下／集結地へ向かう歩兵。

右ページ上／作戦開始にあたり、総統命令が読み上げられるのを謹聴する第9機甲偵察大隊。[緩衝装置をもつ重機関銃架に7.92㎜MG34を据えた——この場合防盾は装備されない——Sd.Kfz.250/1が10数両確認できるが、戦車師団隷下の機甲偵察大隊は本車28両、機甲擲弾兵師団のそれは18両を装備定数としていた]

右ページ下／第9戦車師団第9機甲偵察大隊。この部隊特有の、迷彩塗装されたヘルメットに注目。高級将校が注視するなか兵器の実演でも催されているのだろう。なかに1名の将官が加わっているのは師団長か？[装甲兵員車の後部に装備されている機銃架が3基見え、うち2基にMG34が装備されている]

第9戦車師団員のために礼拝がおこなわれている。［左右の中型兵員装甲車は小型突撃橋——写真では搭載されていない——や地雷をはじめ、各種の機材を搭載する工兵仕様のSd.Kfz.251/7。車体の一部だけが塗装されているのは即製の教会とするための装飾なのだろうか］

一方は神に祈りを捧げ……

右ページ上／……対するもう一方は軍旗に忠誠を誓う。ソ連第4親衛戦車旅団。［“親衛”とは戦功の著しい部隊に贈られる称号。部隊の改編——装備と補給面での優遇——と叙勲をともなう。さらに戦功が認められると、その戦闘のあった地名にちなむなどした称号が重ねて授与される］

右ページ下／勇敢な戦闘工兵部隊の活躍は、見過ごされがちだ。［手榴弾、携行火焔放射器、爆破筒（?）などが見える。あらゆる部隊の戦闘に立って地雷原の啓開や障害の除去、架橋などを行なう戦闘工兵はまた、火力や装備にすぐれた強力な歩兵部隊でもあった］

ソ連軍工兵部隊の場合も同様である。彼らは中央前線戦区のコムソモール（共産主義青年同盟）の土木工兵隊。

1943年7月4日から5日にかけての夜間、ドイツ軍陣地線に対して、ソ連軍砲兵部隊による弾幕射撃が実施された。

だが、従来の説とは逆に、このときのソ連軍の砲撃はそれほど極端に激しかったわけではない。戦区によっては、砲声が遠くに聞こえていただけというところもあった。

1943年7月5日

天候：晴れ、ところにより曇り。午後、短時間のにわか雨。

0115時（午前1時15分）前後、捕虜となったドイツ兵の供述をもとに、ソ連軍が先制砲撃を開始[注7]。

だが、しばしば主張されるように、この砲撃が60kmに渡るドイツ軍正面の全域を脅かすことはなかったという点を、ここで確認しておきたい。さらに、“ルーシー”によってもたらされた情報と、脱走兵および捕虜の供述から得られた情報は、決して広くは共有されなかったらしいこともうかがえる。そうでなければ、先制砲撃はもっと大々的に実施されたものと思われるからだ。理由の一端は連絡の不徹底、あるいは情報の真偽が疑問視されていたという可能性もある。この砲撃によるドイツ軍の被害は、やはりこれまで主張されてきたほどに深刻なものではなかった。結果から言えば、0330時をもって開始すると予定されていた攻撃は、ほんの一部の戦区で遅れただけで済んだ。それも多くの場合、ソ連軍の砲撃を受けたことが遅延の直接の原因となったわけではない。この点については後述する。

第18戦車師団の戦区では、予定時刻に予定どおりの攻撃が開始された。0330時、ルフトヴァッフェの編隊が、事前に計画された空襲を実施すべく戦線を越えた。0400時には、第86歩兵師団戦区から、激しい弾幕砲撃ありとの報告が寄せられたが、第18戦車師団は、終夜その戦区内に「さしたる異常なし」と報告した。

攻撃開始時、第18戦車師団の左には第86歩兵師団が、第177突撃砲大隊と第654重戦車駆逐大隊の所属部隊とともに占位。同じく右には第292歩兵師団が、第244突撃砲大隊および第653重戦車駆逐大隊（作戦可能なフェアディナント重駆逐戦車12両）とともに占位した。

第18戦車師団フライシュハウアー連隊は“黒い森”方面へ進出の途上、オジョルキーの両側で激しい迫撃砲火を浴びた。これにより車両が甚大な被害を受けるも、防御態勢に切り替えよとの命令を同連隊が受け取ったのは午後になってからである。

隣接する各歩兵師団の攻撃は、順調に進んだ。第86歩兵師団は、第177突撃砲大隊第1・第2中隊ならびに第654重戦車駆逐大隊の支援を得て、オチカ南の高地を奪取した。破壊された掩蔽壕や対戦車砲陣地を通り抜けつつ、彼らは進撃を続け、約10kmの進出を果たした。

フライシュハウアー連隊の機甲擲弾兵部隊は、“黒い森”の北側で防御態勢を敷くよう命じられた。

第86歩兵師団戦区では、重駆逐戦車が次々と地雷にやられ

ソ連軍の203㎜榴弾砲の砲撃。

たのに加えて、敵の“死ぬまで戦う”姿勢に圧倒されつつも――実際彼らは頑として退かず、滅多に投降しなかった――、攻撃の経過は依然として順調だった。

※※※

2200時前後、第78突撃師団戦区では、第177突撃砲大隊第3中隊がクラーキノ駅周辺で防御態勢を敷いた。同師団は約10㎞の進出を果たした。第216歩兵師団も同様である。

※※※

第299歩兵師団と第383歩兵師団は、いずれもソ連軍の防衛線を突破できず、両者の攻撃は打ち切られた（前者は第2戦車軍の隷下部隊だったが、『城塞』作戦発動に連動しての戦闘に投入されたもの）。

※※※

隣接の第XXXXI(41)軍団による攻撃が開始されたのは0330時前後。ソ連軍の抵抗はほとんど見られないとの報告がなされている。

※※※

0630時、砲兵とルフトヴァッフェの支援を得た第XXXXVI軍団が出撃。当初、敵の抵抗は微弱。0800時、第9戦車師団が、ヤースナヤ - ポリャーナ～オジョルキー南にひろがる森の北縁を結ぶ線に到達した。この間に第6歩兵師団は、ヴェールヒの外縁から約500m東のタギノと、ノーヴォ・フートル集落の中央付近で、オカ川に架橋作業。これらの集落はいずれも同師団が確保したもの。

0915時前後、ポドレスカーヤ東の森に敵戦車の出現が報告された。1010時、第505重戦車大隊のティーガー部隊が、同地区の南の高地を奪取。1130時、同ティーガー部隊は“ハートの森”の南部に進出、正午にはドルショヴェスキーの北西に向かって、警戒態勢をとる。

1515時、ノーヴォ・フートルの橋が完成。第6歩兵師団は攻撃を続行し、ステップナーヤの北、224.5～235.9～230.7～235高地沿いの線に到達。1900時、同師団はそこで第9・第2両戦車師団の接近を待った。第9戦車師団の師団砲兵部隊である第102機甲砲兵連隊は、隷下全中隊をもってオカ川南の射撃陣地に布陣。同第Ⅲ大隊は“ハートの森”方面で警戒態勢を敷く。同師団のシュマル戦闘団は、“ハートの森”南西の236高地の西500m地点まで進出。同師団のムマート戦闘団は、敵機による空からの擾乱攻撃と、道路渋滞が原因で、出足が遅れた。

第2戦車師団第3戦車連隊は出撃に備えて待機していたが、彼らの投入は見送られた。同師団の機械化歩兵連隊――第2・第304機甲擲弾兵連隊――と、同じく同師団の第38戦車駆逐大隊は、第9戦車師団の右に投入された。攻撃は順調に進んだ。これら2個戦車師団は、ソ連軍第15狙撃師団を排除し、ソ連軍第1次防衛線を突破蹂躙した。

第20戦車師団戦区では、攻撃の開始時刻が遅くなった。師団日誌によれば、起床時刻は0400時と定められていた。日誌には「遠くに友軍砲兵の砲声が聞こえるだけだった」とも記されている。ここではまた、ドイツ軍砲兵の攻撃準備射撃に対す

上2点とも／15㎝重野戦榴弾砲が火を噴く。ドイツ軍の集結地で。

ネーベルヴェルファーから飛び出したロケット弾。

砲兵隊の活動の密度は各中隊によりけり。この日の午前中いっぱい、敵が対抗射撃を仕掛けて来る時間もまちまちだったからだ。[ドイツの21cm臼砲Mrs18。名称こそ“臼砲 Mörser”だが実質は長榴弾砲で、重量約110kgの榴弾を18km以上まで投射できた]

るソ連軍の強力な対砲兵射撃も確認された形跡がない。0530時前後、第21戦車大隊地区に数発の砲弾が着弾した（なお、第21戦車大隊とは第21戦車連隊第Ⅲ大隊のことであり、同連隊がその戦力を1個大隊にまで減らしていたため、このように呼ばれるに至ったもの）。これと同時刻、ソ連軍陣地に対して、ドイツ軍砲兵とルフトヴァッフェによる砲爆撃が展開されていた。

0800時、第21戦車大隊と第4戦車師団第103機甲砲兵連隊第Ⅰ大隊が出撃、接敵もないまま、218.3高地に到達。両部隊とも、暫時その場で停止する。

第505重戦車大隊のティーガー部隊はソ連軍防御陣地を蹂躙、その日の終わりまでには、それなりの数のT-34を撃破することになる。ただし、まるで無傷でというわけにはいかず、ティーガー6両が地雷を踏んでいる。

ポドリャンの“教会の森”までは、敵の抵抗は認められず。ポドリャン自体は、第20戦車師団第112機甲擲弾兵連隊第Ⅰ大隊により奪取された。同地にあった少数のソ連戦車については、第21戦車大隊と第505重戦車大隊の所属車両がこれを砲撃。ボブリク村を越えたのち、彼らには224.5高地で再び一時停止が告げられた。

1800時、第21戦車大隊は、師団の機甲擲弾兵連隊の支援を得て、ソボーロフカ攻撃に移った。第4中隊が右翼、第2中隊が左翼を担当し、中央には残りの2個中隊と大隊本部が占位。この攻撃の最中に大隊長車が地雷を踏む。攻撃は一時停滞したが、ほどなく続行された。右翼では、やはり1両の戦車が触雷して擱座したものの、攻撃はことのほか順調に進み、非常に巧みなカモフラージュを施されたソ連軍対戦車砲陣地5ヶ所が発見され、排除された。結果としてソボーロフカは難なく一度で確保され、部隊はスヴァーパ川を渡り、そこに橋頭堡を築いた。

※※※

第31歩兵師団戦区では、0115時に敵砲兵による弾幕射撃が報告された。ただし、師団日誌によれば、さほどの被害は受けていない。ほぼ同時刻、ドイツ軍砲兵部隊が第7歩兵師団戦区で、20人規模の敵偵察部隊に攻撃をかけ、これを四散させている。第31歩兵師団は、第4戦車師団第103機甲砲兵連隊第Ⅱ大隊の掩護のもと、0630時に攻撃を開始。ルフトヴァッフェも出撃し、地上部隊の攻撃を支援した。だが、第31歩兵師団の出足は鈍く、第20戦車師団の例とは対照的に、その進撃は遅々として捗らなかった。同歩兵師団には、突撃砲部隊が配属されていなかったのだ[注8]。にもかかわらず、同師団はこの日の目標を部分的には達成した。

第102歩兵師団は、防御陣地に残留した。

※※※

第12戦車師団は予備として控置されたまま、道路整備などに投入された。同師団の機械化歩兵連隊のひとつ――第5機甲擲弾兵連隊――は、地形偵察の任務に従事した。

原注

[7] [8] これに関連して、巻末に添付した第31歩兵師団第17機甲擲弾兵連隊の1943年7月5～28日の報告書を参照のこと。

2点とも／ドイツ軍の21㎝榴弾砲。その射撃前と射撃中。［上／よく見ると四角い砲尾ブロックから発射用の引き紐である拉縄（らじょう）が引かれている。下／装塡を補助するための送弾トレイに載った砲弾が砲尾にセットされた状態。この後、砲弾はラマーによって薬室に押し込まれる］

ソ連軍砲兵部隊の火砲やロケット砲も当然のように返礼を試みる。

だが、そのときすでにシュトゥーカの編隊が空にいた。

中左／シュトゥーカ部隊がソ連軍陣地を破壊する。

中右／ソ連軍の航空基地もルフトヴァッフェの戦闘機部隊や近接支援機部隊の攻撃の対象だった。

出撃直前、最後の準備。彼らは真っ先に敵陣内に飛び込む強襲部隊である。

個々の兵の顔も緊張感に満ちている。

ドイツ軍の歩兵部隊は、ところによっては戦車の支援を得られないまま、攻撃を展開した。

迎え撃つソ連兵の表情にも緊迫感が漂っている。彼らがかまえているのはDPM機関銃とPPSh-41短機関銃。ともに口径7.62㎜。［口径こそ同じでも、手前のデグチャレフ機関銃は小銃弾、奥の通称バラライカ短機関銃は拳銃弾を使用する。円盤型弾倉の装弾数は前者47発、後者は71発］

“双頭の鷲”は第2戦車師団第3戦車連隊の連隊章。その細部をご確認あれ。［車体上部前面の50mm厚の基本装甲に、30mm厚の増加装甲板を追加しているのが確認できる。また戦闘による破損を避けるため、左フェンダー上のボッシュ型ライトを取り外している］

進撃中のIV号戦車。第2戦車師団の所属車両である。[ソ連軍の対戦車ライフルの威力を減殺するために装着が始まったサイドスカート〈シュルツェン〉は、すぐにバズーカに代表される成形炸薬弾頭にも大きな効果があるのが確認される。ただし障害を越える際などに外れやすく、写真の戦車も5分割されたうちの2枚をすでに失っている]

第2戦車師団第3戦車連隊第II大隊のIV号戦車G型“631”番車がじりじりと前進する。［第3戦車連隊は第I大隊のみが第1～第4中隊までの4個中隊で編成され、第II大隊は第5～第7中隊までの3個中隊を有するだけだった］

6 31

Sd.Kfz.251の機関銃手が射撃中。

作戦行動中の第304機甲擲弾兵連隊のSd.Kfz.250と、第3戦車連隊のIV号戦車。

遺棄されたソ連軍の76.2㎜対戦車砲を横目に見ながら通過する第2戦車師団のSd.Kfz.250。［76.2㎜ ZIS-3はソ連軍師団砲兵の標準野砲だが、対戦車砲としても高い能力を持っていた。シュテルン（星型）アンテナを付けた装甲兵員車は、車体前面の戦術マークでわかるように第74機甲砲兵連隊第1大隊の本部車両だ］

左ページ上／前ページと同じ76.2㎜対戦車砲、撮影位置を変えて。横を走り去るSd.Kfz.251はグレイの地色にサンドの迷彩塗装。この車両は第2戦車師団の第304機甲擲弾兵連隊第Ⅰ大隊にしか見られない。［車体後部に機関銃用の防盾を装備しているのが珍しい］

左ページ下／続いて通り過ぎるのはSd.Kfz.124ヴェスペ、10.5㎝18式2型 軽野戦榴弾砲搭載の自走砲である。木の枝によるカモフラージュが施されている。ヴェスペはクルスク戦で初めて大量投入された。

上／第2戦車師団の対空砲部隊が戦車に随伴する。戦闘地域では常に上空を警戒していなければならない。［5トン牽引車の車体に3.7㎝対空砲FlaK36を搭載した自走対空砲Sd.Kfz.6/1は弾薬トレーラーを牽引している］

第2戦車師団のSd.Kfz.251が手探りするようにゆっくりと前進する。

第9戦車師団の戦区でも、攻撃は慎重に進められた。午前中はIV号戦車が車種混成の中隊を率いて作戦行動の先頭に立った。

その一方で、III号戦車N型とL型が側面の掩護にまわった。

装甲兵員輸送車は戦車に後続する。この写真では、3.7㎝対戦車砲を搭載したSd.Kfz.250/10装甲兵員輸送車が、III号指揮戦車のすぐ後ろに続いている。

III号戦車L型と、遠景にはIV号戦車。正午近く、作戦遂行中の場面。シュルツェンは――この連隊では煩わしいと判断されたのか――取り外されている。

第9機甲偵察大隊の4輪軽装甲車Sd.Kfz.222が集落を走り抜けようとしている。

第9戦車師団のIV号戦車縦隊。影が長く伸びているところを見ると、この写真は午後遅い時間に撮影されたのだろう。

軽装甲指揮車Sd.Kfz.250/5と第2戦車師団の機甲擲弾兵。

戦車の操縦手席から外を見る。車両は第9戦車師団の所属。

右ページ／砲を敵のいる方角に向けながら、確保した地域で警戒任務にあたる第505重戦車大隊のティーガー。

射撃中の機関銃手。

数度の連射の後、再び前進する。歩兵の進撃は、この繰り返しだ。

工兵部隊もその役割をじゅうぶんに果たした。これは火焔放射器（画面右下）と破壊用爆薬でソ連軍の掩蓋陣地を掃討するところ。

ソ連兵は勇敢に、また粘り強く防御戦闘を展開した。（写真右側のように）女性兵士も前線に多数投入されていた。

この段階でソ連軍が実施した緊急反撃の大半は失敗に帰した。だが、少なくとも、ドイツ軍の攻撃部隊の前進をより困難なものにするという効果はあったようだ。

第20戦車師団のIII号戦車L型。左前面（画面向かって右側）マッドガードに、対戦車ライフル弾の被弾痕が認められる。右側のマッドガードは失われている。［このIII号戦車は防盾だけでなく車体上部前面の増加装甲も装着していない。J型の後期生産仕様車にシュルツェンのキットを後付けした車体と思われる］

頑強な抵抗を排除するのに自走砲が使われることも珍しくなかった。［15㎝自走重榴弾砲“フンメル”の中隊が丘陵越しの射撃を実施しているシーン］

キューベルヴァーゲンの不整地走行能力が試される場面。

第505重戦車大隊長ソヴァン少佐、自身のティーガーとともに。［砲塔後部の収納箱〈ゲペックカステン〉は、側面の脱出ハッチにかかる部分に、ハッチの可動域をクリアするための切り欠きがある大型のタイプを装着している］

第505重戦車大隊第2中隊本部のティーガー 201番車。前線改修で設置され、戦車兵のあいだでは“ロンメル - キステ”と呼ばれた収納箱に注目。

作戦中のティーガー“II”番車。大隊本部所属だが、これらの車両も戦闘に参入後わずか数日で見た目もまったく違ってくる。[大隊通信士官の乗る指揮戦車で、砲塔上面に追加されたアンテナの基部が見える。車体右側面の筒はアンテナのケースだろうか]

射撃中のティーガー、ポドリャン地区。

第112機甲擲弾兵連隊第I大隊の装甲兵員輸送車もティーガー部隊を支援した。[第20戦車師団には第59および第112の2個機甲擲弾兵連隊があった。7.5cm砲を搭載したSd.Kfz.251/9は大隊の重火器中隊に2個小隊計6両が装備されていたはずだ]

移動中のヴェスペ自走砲。信頼性に優れていて、おおいに好まれた車両だった。ただし、敵の対抗砲撃の餌食にならぬよう、射撃陣地を頻繁に変える必要があった。第2戦車師団——第74機甲砲兵連隊——所属。

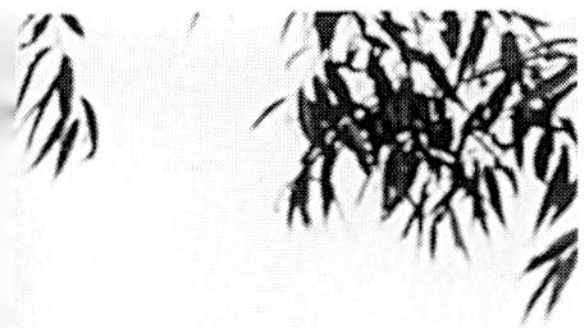

ルフトヴァッフェの地上連絡要員がシュトゥーカ部隊の誘導にあたる。

念入りにカモフラージュを施された10.5cm18式軽野戦榴弾砲。

前線で手っ取り早く実行可能なカモフラージュと言えば、車体を木の枝で覆ってしまうこと。車両が動けば、落ちることが多かったのだが。やはり第2戦車師団の所属車両である。
［樹木の偽装は周囲の植生が変わったり、萎れて色が変わったりするとかえって目立つことにもなりかねない。頻繁なチェックと補修が欠かせない］

この15cm41式ネーベルヴェルファーのようなロケット弾発射器も終日投入された。使用弾薬は34.15kgの榴弾。

射撃任務に取り組む砲兵前進観測員。手前に転がっているのは捕獲品のイギリス製ブレン機関銃である［訳注／ブレン機関銃の原型であり、ドイツ軍が大戦初期に接収したチェコ製のZB30機関銃とも考えられないか］。

第21戦車大隊のIV号戦車334番車。溝や泥濘地からの脱出用の丸太を搭載しているが、その取り付け金具に注目。乗員は食事の時間らしい。［手前の迷彩柄のテントは、個人装備であるポンチョを4枚組み合わせて作った"ツェルトバーン"と呼ばれるもの。1辺が2mの大きさだった］

重榴弾砲の発射の瞬間、耳をふさぐ砲員。

任務の合間に一服。[300発入りの機銃弾薬箱に9㎜短機関銃MP40、2本の39式柄付き手榴弾の間には39式卵形手榴弾も見える]

第189突撃砲大隊は歩兵の支援を得て攻撃を実施。突撃砲の後部デッキに対空識別用の旗が広げられているのに注目。

ふたりの歩兵がIII号突撃砲を遮蔽物代わりに利用しながら走る。

そして無事に次の窪地に。[装甲車両を盾にしたくなるのは人情だが、装甲車両は敵にとって脅威つまり優先目標なので集中砲火を浴びる危険がある。歩兵は戦車から適切な距離をおき、それを維持するのが正しい追随の方法だと戦術マニュアルに記されている]

獲得されたソ連軍陣地を（今度は自軍陣地として）守る第224突撃砲大隊のIII号突撃砲。

たとえば、この旧式化したM3“リー”のようなレンド - リース車両は、ドイツ軍の進撃に少しでもブレーキをかけるためだけの目的で、無理にでも前に押し出されることが珍しくなかった。［平面的なゴムブロックの履帯（りたい）は滑りやすいと見えて、履板4〜5枚ごとに防滑具（グローサー）が装着されている］

シュルツェンは対戦車ライフル弾を食い止めるのに必ずしも有効ではなかった。しかも、シュルツェンを装備していると、著しく観察の邪魔になるという難点もあったので、第33戦車連隊のほとんどの車両が、これを取りはずしていた。［シュルツェンは'43年3月から工場での装着が始まり、それ以前の生産車にも遡って後付けされたが、このIV号戦車には装着用の支持架が見られない。取り付けないまま投入された車両なのだろう］

クルスク戦当時の第18戦車師団の写真は少なく、これは貴重な1枚である。車両も乗員も、まだ元気一杯の様子だ。[汚れも少なく新車のようなIV号戦車G型は第18戦車大隊第2中隊の所属。未舗装路を走っても、乾燥した路面ならば履帯の接地部分は磨いたように光るのがわかる。戦車兵はデニムでできた作業服を着用している]

攻撃中の第2戦車師団第3戦車連隊第6中隊。Ⅲ号戦車N型と長砲身Ⅳ号戦車が、ともにソ連軍陣地に突進する。

1943年7月6日

天候：雲厚く、曇り時々にわか雨。

0430時、空が明るくなり始めると同時に、3時間に渡る活発な航空活動ありと第18戦車師団より報告。また、偵察の結果、敵は“黒い森”を放棄したことが判明。1030-1100時、前線指揮官はモーデル上級大将との協議に臨む。師団隷下には、第18機甲偵察大隊第1中隊ならびに第88戦車駆逐大隊第1（自走砲）中隊に、第18機甲砲兵連隊から抽出の1個軽中隊、第98機甲工兵大隊第2中隊から抽出の1個小隊を加えて、新たな強襲部隊が臨時編成された。この強襲部隊の目標——ヴェショールィ〜ベリョーショク〜アレクサンドロフカ地区——到達は達成された。

これと時を同じくして、1400時前後、オチカ渡河が困難となる。各渡河地点（の橋梁）が戦車をはじめとする装甲車両の通過によって頻繁に損壊、補修と補強が必要となったため。

第78突撃師団の戦区では、フェアディナント12両と突撃砲10両の支援を得て、攻撃が進められた。突撃砲は第177突撃砲大隊第3中隊の所属車両だったが、253.5高地攻撃の最中に、同中隊長のグリューン中尉が戦死した。その他複数の砲にも問題が発生したため、夕刻、攻撃部隊は、この日の朝の攻撃発起点まで後退した。

第292歩兵師団の戦区では、支援についたフェアディナントが強力な火力を駆使して、多数の敵戦車を撃破した。なかには2,400mの距離を隔てての撃破に成功した例もあり。ただし、フェアディナントも1両撃破されている。これは車体側面に、距離800mからSU152の152㎜砲弾の直撃を受けたもの。

※※※

2445時、シュマル戦闘団は、この日1000時前の出撃は不可能と報告。第9戦車師団第33戦車連隊第Ｉ大隊は、0100時に“ハートの森”近傍に到着。第6歩兵師団は0600時に出撃したも

上／第18戦車師団のIV号戦車（長砲身）が、対戦車砲の射撃に遭っている。

夜明けとともに、T-34の一団が、ドイツ軍の攻撃先鋒の動きを鈍らせようと緊急反撃を展開する。

下左／当時の射撃統制システムでは、機動をおこないながらの射撃は、あまり成果を望めなかった。［照準器の目盛りを頼りに、砲手が相手の走行速度や向かってくる角度を推測し、相手の鼻先前方にリード（見越し量）を取った照準を合わせて射撃する。走りながらの射撃では、まったく命中は期待できなかった］

下右／1両のティーガーが敵襲を撃退。ところが、ティーガーが停止した瞬間、すぐ隣の民家に直撃弾が飛び込んだ。

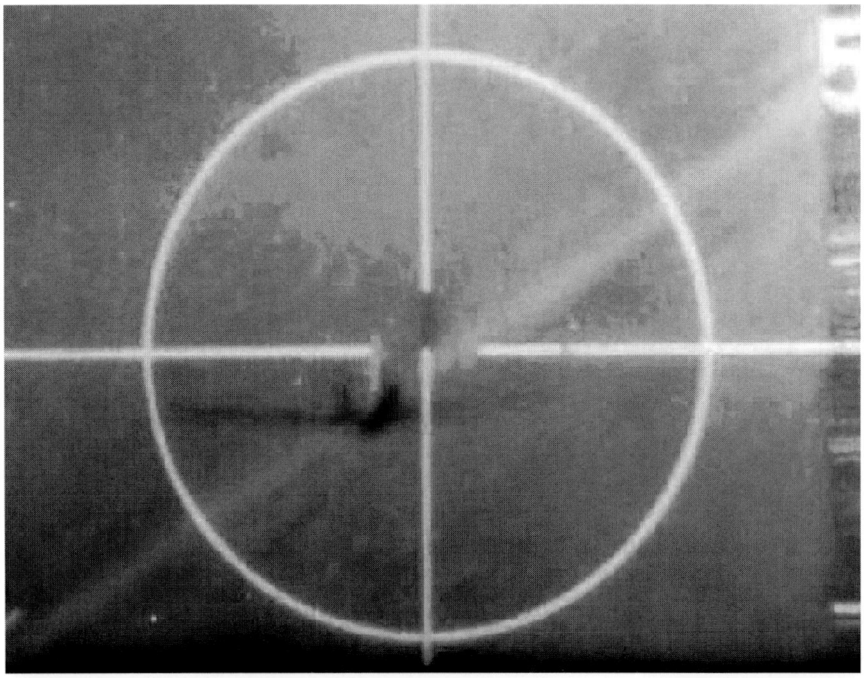

4点とも／空での戦いも激しさを増した。メッサーシュミットBf109が、LaGG戦闘機をそのサイトに捕捉した瞬間。

右下／メッサーシュミットも敵戦闘機に襲われ、銃火を浴びた。

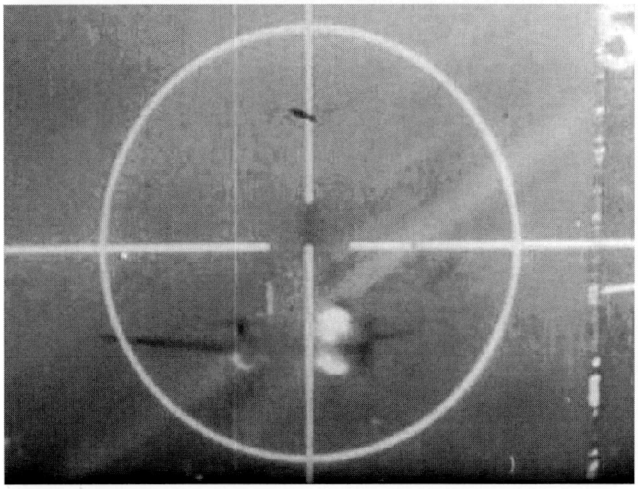

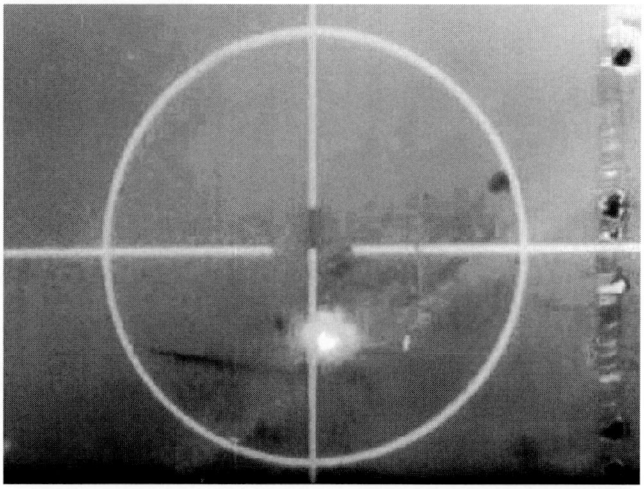

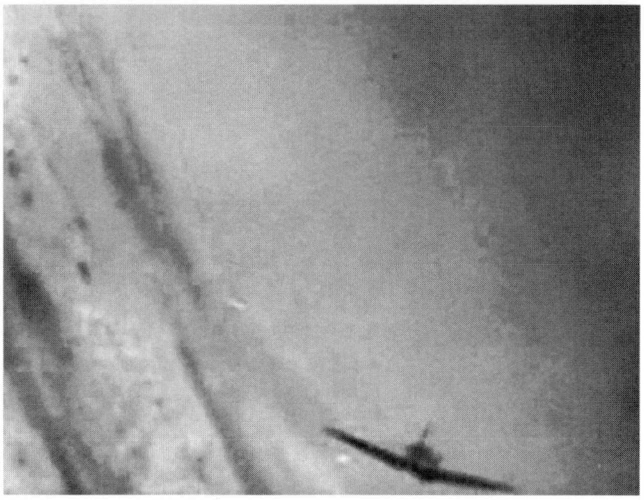

第177突撃砲大隊のIII号突撃砲が253.5高地に到達し、守りを固める。

攻撃支援に赴く第216突撃戦車大隊のIV号突撃戦車。今では“ブルムベーア”と言った方が通りは良いかもしれない。

のの、攻撃を開始したのは1030時をまわってからである。第102機甲砲兵連隊第II大隊は、第33戦車連隊の直接支援に配された。

1045時、ソ連軍第16戦車軍団が、ソドゥーロフカ～カシャーラ（コシャーラ）～257高地方面から北上してきた。

グレート戦闘団は“ハートの森”の北東縁に到達。シュマル戦闘団は1100時にようやく出撃し、ソ連側がすかさず繰り出した強烈な反撃を、1200時にどうにか阻止し得た。第33戦車連隊は1330時に244.2高地前面にあり、強固な防御態勢を敷いたソ連軍と対峙していた。第11機甲擲弾兵連隊第I大隊を中心としたムマート戦闘団は、1545時、南ドルショヴェスキーの西500m地点にあった。第102機甲砲兵連隊第I大隊と第67砲兵連隊第II大隊は、第11機甲擲弾兵連隊第II大隊の直接支援に配された。

第11機甲擲弾兵連隊第10中隊はソ連機を1機撃墜した。

1547時、シュマル戦闘団はルジャヴェーツの1km南にあり、サノヴァ西方からの強烈な側面砲撃を受けて、著しい損失を出していた。さらに、同戦闘団の進撃は、地雷によっても阻まれた。第86機甲工兵大隊は1個中隊をドルショヴェスキーに派遣した。1655時、シュマル戦闘集団は、ベレゾーヴァヤの橋の周辺に到達。

1700時、第11機甲擲弾兵連隊は、ドルショヴェスキーから敵を一掃した。その30分後、第102機甲砲兵連隊第Iおよび第III大隊が、ムマート戦闘団に配された。2000時前後、各戦闘

『ツィタデレ』作戦の前半、突撃戦車は、ソ連兵のあいだで交戦優先順位の上位にはランクされていなかったようだ。だが、次第にその恐ろしさが知れ渡るにつれ、事情は変わってきた。

第29戦車連隊（第12戦車師団）からIII号・IV号戦車計12両が、フェアディナント装備の第656重戦車駆逐連隊に派遣された。残る29両は予備として控置される。写真手前、先頭を行く車両のフェンダー上に積まれた“ジェリカン”は“W”の文字が白で記入された飲料水用。

撃破された車両がそこ此処で炎上する戦場を駆けまわりつつ、ソ連軍の対戦車砲陣地と交戦する第29戦車連隊のIV号戦車。

攻撃に出るティーガー“231”。

下左／1両のT-34に命中弾。

下右／たちまちのうちに爆発し、四散する車体。

団が、敵の強烈な抵抗を報告。

そうしたなかでシュマル戦闘団は、地雷に阻まれながらも、橋頭堡を築くのに成功した。2215時前後、同戦闘団は速やかにルジャヴェーツの南1km地点まで進出、麻縄製造工場に新たな橋頭堡を確保した。2300時、第11機甲擲弾兵連隊第Ⅰ大隊がドルショヴェスキー・フートルを奪取したのち、継続的攻撃は森林地域の外側、穀物畑のなかで行き詰まる。

※※※

待機していた第2戦車師団第3戦車連隊は、0910時に、230.1高地背後から出撃。同連隊には、スボーロフカ（ソボーロフカ？）を占領していた第505重戦車大隊が配属された。同連隊第5中隊は、姉妹中隊のひとつである同連隊第8中隊の掩護射撃のもと、穀物畑を通り抜け、238.5高地方面へ攻撃を敢行。ソ連軍対戦車砲の激しい砲撃と対戦車ライフルの照準射撃に遭い、損失を出す。さらにソ連軍は戦車部隊をもって強烈な緊急反撃を開始。だが、抵抗むなしく、彼らの塹壕陣地は蹂躙され、戦車数両が撃破された。

夕刻には238.5高地の奪取を果たし、重戦車大隊はその約2.5km南に布陣した。

この戦闘で、敵は戦車39両をはじめ、数は特定できないが、ともかく多数の対戦車砲を失った。

ドイツ軍の損失は戦車10両である。なお、この戦闘には戦車部隊のほか、第38戦車駆逐大隊――特にその第1中隊――も参加していた。ティーガー大隊では、12両が触雷、2両が登録抹消となった。この2両のうちの1両は、第70親衛狙撃師団の兵の肉薄攻撃によって破壊されたもの。

夜間、6両のT-34による敵襲があったが、突撃砲がそのうちの3両を撃破した。

※※※

この日の早朝、第20戦車師団の兵站部隊がソ連軍に襲撃された。トラック数台が破壊されたものの、同師団の（度合いは

勇敢なソ連兵は、決死の覚悟で戦った。その抵抗ぶりは生やさしいものではなかった。［50㎜軽迫撃砲M1939の射撃陣地と思われる］

あくまでも比較の話だが、捕虜として収容されるソ連兵は非常に少数派だった。

ドイツ軍がソ連軍の防御陣地を制圧するには、直接射撃での火力集注という手段しかなかった。

第2戦車師団の機甲擲弾兵を支援。Sd.Kfz.251（3.7cm対戦車砲搭載）の背景にⅣ号戦車が見える。

まちまちだが、いずれも要補修の）戦車数両および8.8cm砲が対処にあたったところ、襲撃部隊は退散した。

また別の戦区においても、0200時前後にソ連軍の攻撃があった。南東方向から30両、南西方向から50両の戦車の接近が告げられ、0900時前後には、これが大規模な戦車戦に発展した。その過程で、第21戦車大隊は、来襲のうちの7両を撃破した。敵戦車部隊によるさらなる攻撃は、6両を擱座させるなどして、砲兵部隊がこれを撃退した。

その後もソ連軍はドイツ軍の戦線突破を企てたが、その過程で戦車3両を撃破されている。

激戦の末、第21戦車大隊は230.4高地に到達した。以降も、歩兵を跨乗させたソ連軍戦車部隊が数度の波状攻撃をかけてきたが、彼らは高い代償を払うことになった（巻末資料を参照のこと）。

この時点で、第20戦車師団が撃破した敵戦車は60両にのぼっている。

※※※

第4戦車師団は、すでに朝までにノヴォトロイスキー地区到着をほぼ完了した。

第XXXXⅦ戦車軍団司令官のレメルゼン戦車兵大将は、前線への移動中、軽傷を負った。

※※※

第31歩兵師団戦区では、0910時前後、グニレツが確保された。だが、1510時、同師団はグニレツの南西、236.7高地と234.1高地の前面で行き詰まった。

第102歩兵師団は、防御陣地に残留したまま、敵襲をすべて撃退している。

だが、敵の抵抗も常に頑強とは限らない。砲塔番号の“6”が妙な形をしているうえ、記入位置もずれているのが目を惹く。

抵抗が微弱とあれば、さらなる進撃のチャンスである。

この日は数度のにわか雨に見舞われた。戦車兵もレインコートを着用する。

進撃中の第3戦車連隊のIV号戦車“632”と“633”。2色の迷彩塗装に注目。

第2戦車師団第2機甲偵察大隊、某小村——おそらくはポドリャン(東)——にて。

直撃！　この第2戦車師団第3戦車連隊所属のIV号戦車は、やむなく遺棄されることになった。同師団の場合、『ツィタデレ』作戦中に全損となったIV号戦車は14両、これはそのうちの1両である。

またひとつ、歩兵部隊が陣地を奪取した。

時には、奪取したばかりのソ連軍の陣地をそのまま利用して、反撃に対処しなければならないこともある。

これらのIV号突撃戦車は、窪地に待避して射撃任務の小休止中である。

激しい敵の抵抗が認められれば、いつでも自走砲の出番となる。自走砲部隊は戦車部隊との密接な連携のもとで作戦行動を実施した。写真は第2戦車師団の戦車部隊の進撃を支援するヴェスペ。

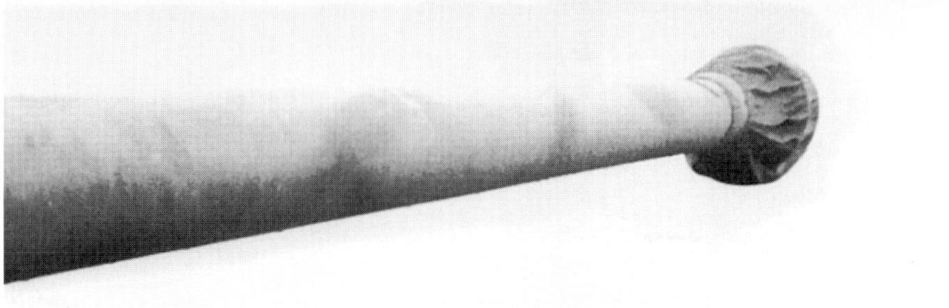

対戦車ライフルを担いだまま、徒歩で護送されるソ連軍の捕虜。第2戦車師団の前線の背後で。

土砂降りの雨のなか、攻撃に備えて態勢を立て直す第21戦車大隊。

交戦中の第20戦車師団第21戦車大隊。日々“酷使”されたにもかかわらず、同師団で発生した『ツィタデレ』作戦期間中の戦車の全損件数はわずか3件である。

次ページ左3点とも／シュトゥーカ部隊もまた攻勢作戦に著しく貢献した。敵戦車部隊が確認されれば——写真はKV戦車だが——、彼らは必ずと言っていいほど、ユンカースJu87Gに対戦車用として搭載された3.7㎝Flak18（18式対空機関砲）の餌食となった。なお、この一連の写真はガンカメラによって撮影されたもの。

とは言え、いちばんの重荷を背負うのは、やはり歩兵である。彼らは果敢に攻撃を繰り返し、将校や下士官も多くの犠牲を払わねばならなかった。

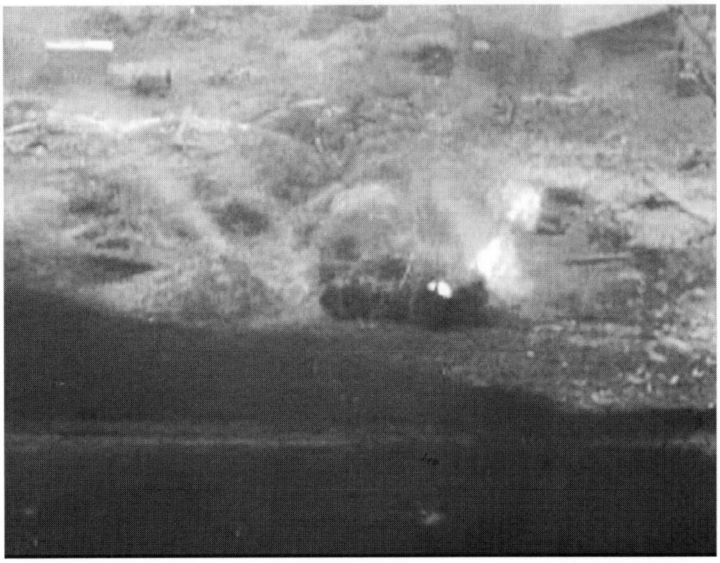

緊張感に満ちた表情。誰もが最善を尽くして戦闘を乗り切ろうとする。

牽引式の8.8cm FlaK36/37が、第653重戦車駆逐大隊のフェアディナントの横を通過する。

攻撃中のフェアディナント。手前に部分的に写っているのはIII号戦車である。第12戦車師団か、無線誘導式爆薬運搬車中隊の無線指令車両だろう。

補修にまわされるフェアディナント。この駆逐戦車の損失件数は非常に多い。特に履帯がまさしくアキレス腱だった。

中段左／排除されたソ連軍対戦車ライフル陣地。

第12戦車師団第29戦車連隊のⅣ号戦車H型が、フェアディナントの進撃を支援する。

第12戦車師団のⅣ号戦車。配備されて間もないらしく、まだ迷彩塗装も施されていない。［第35戦車連隊のH型と同じく、攻勢開始直前に配備されたⅣ号戦車なのだろう。ただし車体側面のシュルツェンはすべて失っており、取り付け架も破損している］

Ⅳ号戦車とフェアディナントの進撃。

路傍の溝に待避した歩兵に見送られながら、Ⅲ号突撃砲が進む。シュルツェンは下部が水平に切り取られている。

第904突撃砲大隊の突撃砲、その最新の戦果とともに。

チョープロエの高地を目指して、全速前進中のティーガー"232"。

破壊されたソ連軍T-70軽戦車の横を通過するドイツ軍補給部隊のトラック。

レンド-リース戦車は多数が犠牲になった。写真は2両ともM3“リー”である。ソ連兵のあいだでは“7人用棺桶”とまであだ名された車両だが、まさしくその通りの状況が展開している。手前の車両に大書されたスローガンは“進め！　西へ！”の意。

陣地移動の途上にあるフンメル。威力抜群の15cm榴弾砲を搭載した自走砲だが、これより小型のヴェスペほどには機械的信頼性が高くなかった。

埋設されていたT - 34が、その穴から這い出す。ドイツの戦車兵にとって、この種の陣地が交戦相手としてはいちばん厄介だった。

作戦期間中、第12戦車師団の隷下部隊の大半は“あてもなくさまよう”日々を送った。

重量級の車両で木造の橋を渡ろうというのは、貴重な兵器資材を無分別に危険にさらす結果になりかねない。[下車した車長の誘導によって慎重に進むIV号戦車H型。司令塔に対空機銃架を装着している]

折れた丸太が、その危険性を暗示している。写真の工兵と戦車兵の一団は、この即製の橋の耐荷重能力を試しているのかもしれない。

これらの車両は継続的に第5戦車師団第31戦車連隊に配属されていた。同師団は——第9戦車師団などとは違って——小さい砲塔番号に特徴がある。サンドカラーの上にグリーンの細い線という迷彩塗装も独特の印象を与える。

師団として揃った状態で投入されていたならば、第12戦車師団もより有効に活用されたであろうことは疑いない。写真は同師団第29戦車連隊のIV号戦車“624”その他。

第4戦車師団のSd.Kfz.251だが、これが果たして『ツィタデレ』作戦期間中に撮影された写真かどうか確かではない。独特の非正規の部隊章——左下向きの矢印——が見えているが、これは第33戦車連隊も使用したものだ。その一方で、第35戦車連隊は、作戦にあわせて指定された師団章——上部が欠けた円——を使っていた。

慎重に橋を渡ろうとする第12戦車師団のIV号戦車“514”。後続するのは同“513”と“511”。

ポドリャン西部地区攻略の最中、第20戦車師団も死傷者を出した。同師団第21戦車大隊のIII号戦車の砲塔シュルツェンに描かれた部隊章が興味深い。マンモスの図柄だろうか。

これは第21戦車大隊のIV号戦車だが、主砲がみごとに貫通されている。これが砲塔への貫通弾だったら、クルーはまるで違う結末を迎えていただろう。

貫通された主砲は交換するしかない。ČKD（BMM）製の38（t）戦車のシャシーを利用した、クレーン搭載の回収車両に注目。［III号突撃砲の写真ではよく目にするシーンだが、IV号戦車の主砲交換の図というのはかなり珍しいのではないだろうか］

とは言え、戦車の損傷のいちばんの原因は、やはり地雷である。これは第20戦車師団のIV号戦車“121”。

起動輪を基部の最終減速器ユニットごとはずし、履帯を短く繋ぎ直して、回収しやすくする。［これだけの金属の塊を手近な丸太とチェーンブロックだけで降ろしているのに注目］

第20戦車師団によって撃破された敵戦車が、ありがたい遮蔽物として随伴歩兵に利用されている。

1943年7月7日

天候：晴れ時々薄曇り。

関係各方面からの報告によれば、前夜来、敵の夜間砲撃と空からの擾乱攻撃ともに、ごく微弱にとどまっていた。

0430時、偵察の結果、〈ポヌィリ 1〉に橋を設置できるかもしれないと判明。

第9戦車師団により、同地の麻縄製造工場に築かれた橋頭堡は、0945時をもって第18戦車師団に引き継がれる予定だった。それと同時に、240.2高地が奪取されねばならなかった。第18戦車大隊——第18戦車連隊第Ⅱ大隊のこと。他の2個大隊が恒常的に派遣・転出となり復帰の見通しもたたなかったため、残った第Ⅱ大隊がそのように改称されたもの——は、軍団予備に指名された。彼らは警戒任務に従事すべく、軍団の側面深奥へ送られ、第18機甲偵察大隊第1中隊とともに、まずはルジャヴェーツの南西2㎞に位置する森林地帯の偵察に投入された。

この日の午後、ソ連軍が歩兵部隊をもってポヌィリ方面に来襲。ところが、第18機甲砲兵連隊がまだ布陣していなかったのに加えて、（近隣の）第292歩兵師団の砲兵連隊への命令伝達と警戒措置に関する混乱も生じていた。時間は無駄に失われ、死傷者が発生した。

1430時には、ソ連軍がポヌィリの南部地区に侵入。第18戦車大隊は、1500時に〈ポヌィリ 1〉の学校周辺の地区に移動した。付与された任務は、師団の側面深奥の防御。第88戦車駆逐大隊の対戦車自走砲中隊も、同様の任務でアレクサンドロフカに送られた。

師団は、損害をいとわずに何としても240.2高地を奪取せよとの命令を受領。同高地からの猛烈な砲撃により、ポヌィリでのスノーヴァ川架橋工事は数時間に渡って中止されていた。そ

以下、第9戦車師団の所属車両を紹介する。これはポヌィリ駅の西にある248.5高地を目指すIII号指揮戦車。右の無線車両の、一杯に展張された星形アンテナD型が目を惹く。

7月7日付けの第9戦車師団の戦車の損失の半数は、朝方に集中して発生した。

の架橋作業が完了しなかったために、第52機甲擲弾兵連隊の重火器を渡河させることができず、それがさらに攻撃準備の遅延を招いていた。結局、2100時になってようやく同連隊は第18戦車大隊第1中隊の掩護のもとに出撃、240.2高地到達を果たした。

※※※

この日の朝、第86ならびに第292歩兵師団は、第177突撃砲大隊第1・第2中隊および第654重戦車駆逐大隊の支援を得て、その戦区の右翼で再び攻撃に出た。第177突撃砲大隊の残る1個中隊——第3中隊——は、再度253.5高地攻撃に乗り出した。ソ連軍は大規模部隊をもってポヌィリ鉄道駅周辺の守りを固めており、そのため、攻撃は捗《はかど》らなかった。その一方で、第177突撃砲大隊第3中隊は、ソ連軍戦車部隊による緊急反撃を阻止、相手はT-34を3両失った。

なお、ドイツ軍がこのポヌィリ攻防戦に投入した戦車と突撃砲ならびに重駆逐戦車は、あわせても150両に満たなかったことに留意しておきたい。この数字には、予備として控置されていながら、ごく短期間だけ投入された第12戦車師団の車両も含まれる。

※※※

シュマル戦闘団は、0045時に、その橋頭堡を300mほど延伸できた。一方、第33戦車連隊は、248.5高地（ポヌィリ駅の西）からの対戦車砲による激しい射撃によって、その戦力の半数を失った。0400時、シュマル戦闘団は多数の敵機を確認、戦闘機による掩護を要請した。

ムマート戦闘団は、0500時に攻撃を開始。1200時前後、第11機甲擲弾兵連隊は、掃討作戦を展開して“梨の森”東縁に到達。

1500時、シュマル戦闘団は第18戦車師団隷下部隊（第52機

とは言え、その大半が補修され、後日作戦に復帰している。

第10機甲擲弾兵連隊第7中隊とともに、ポヌィリ2への攻撃準備中の第33戦車連隊。

彼らの任務はビチュークの橋と街道を確保することにあった。

甲擲弾兵連隊）の交代を受ける。

1900時、第33戦車連隊所属部隊が〈ポヌィリ2〉を攻撃。彼らの任務は、第10機甲擲弾兵連隊第5・第7中隊の支援のもと、ビチュークの橋と街道を確保することにあった。両機甲擲弾兵中隊とも、橋の近辺で降車。

ルジャヴェーツから〈ポヌィリ2〉までの街道は地雷で埋め尽くされており、第33戦車連隊は若干の損害を被った。2200時、同連隊の抽出部隊をともなったシュルツ戦闘団が、ポヌィリ～オリホヴァートカ街道に到達。2218時、第33戦車連隊は、ムマート戦闘団と連絡を樹立したと報告。2245時、シュルツ戦闘団は、その可動戦力をⅣ号戦車（長砲身）8両、Ⅲ号戦車（長砲身）3両、指揮戦車1両と報告。装甲兵員輸送車4両は、すべて失われた。

第38戦車駆逐大隊本部と同第2・第3中隊は、夜間にオカ川を渡河。ブーアマイスター戦闘団とともに、スボーロフカ（ソボーロフカ？）近傍の、何の隠れ場所も期待できないところに陣地を構えた。ブーアマイスター戦闘団は、第3戦車連隊、第304機甲擲弾兵連隊の装甲兵員輸送車大隊、第2機甲偵察大隊からの抽出部隊、第74機甲砲兵連隊からの抽出部隊と第38戦車駆逐大隊で構成されていたが、やはりこの日、レンド-リース機――おそらくはB-25――による空爆を受け、多くの死傷者を出した。にもかかわらず同戦闘団は、220高地付近でサモドゥロフカ南へ向かってソ連軍陣地線を突破することに成功。早くも0935時には、第3戦車連隊が所属車両5両の損失を伝えたが、それとあわせて15両の敵戦車を撃破したとも報告した。

第3戦車連隊は、いったん238.5高地まで後退した後、1330時、257高地へ向けて出撃。相手の強固な防御態勢に阻まれて、戦闘は7時間に渡って続き、その過程で、大隊規模の部隊がエンドヴィチュケ西のソ連軍第3次防御陣地帯に迫った。だが、さらに3両の戦車を失ったところで、戦車連隊は231.5高地に全周防御陣を構えるに至った。ソ連側の損失としては、戦車10両、対戦車砲5門、85㎜対空／対戦車砲12門が上乗せされることになった。第38戦車駆逐大隊第2中隊は多大な損失を

接近ルートには地雷が敷設されていて、それが第33戦車連隊の進撃を困難なものにした。

あらゆる医療関係車両は絶えず出動要請を受けて走りまわっていた。だが、すべての重傷者を後送するだけの台数が確保できないことが多かった。

第33戦車連隊のIII号戦車とIV号戦車の縦隊が、第505重戦車大隊のティーガーの脇を通過する。

第4戦師団第12機甲擲弾兵連隊のSd.Kfz.250（指揮車仕様）。だが、この作戦のための師団章――白い矢――は見あたらない。

第4戦車師団のIV号戦車群が、翌日の攻撃に備えて、隠蔽陣地で待機中。同師団は第XXXXVII（47）戦車軍団に隷属していた。

2点とも／シュトゥーカも頻繁に駆り出された。これは後に宝剣付き黄金柏葉騎士十字章を授与され、ドイツ国防軍の軍人として唯一無二の栄誉に輝くことになるハンス・ウルリッヒ・ルーデル大尉（当時）のユンカースJu87Gである。左右の主翼下に3.7㎝機関砲を装備している。

周囲に敵の対空砲火がなく、戦闘機も迎撃に現れなければ、シュトゥーカの任務はぐっと楽になる。履帯の跡が道しるべ代わりに戦車の集結地へ導いてくれるから、ひたすらそれを辿って飛べば良い。

右ページ左上／地上の状況は、それよりもかなり危険だと言える。特に、敵の陣地や掩蔽壕を掃討する場合は。

右ページ左下／素直に投降するソ連兵は滅多にいない。

ドイツ軍の歩兵も鹵獲したソ連軍の火器を使うのを好んだ。特に人気があったのはこのPPsh - 41短機関銃だ。

出したと報告、また、第505重戦車大隊はティーガー1両が全損扱いとなったことを報告した。

※※※

2日前にドイツ軍が奪取したボブリクは、0300時前後、ソ連空軍機による凄まじい爆撃に見舞われた。

第20戦車師団の第59機甲擲弾兵連隊は、230.4高地〜225.4高地〜サボーロフカ（ソボーロフカ？）の西縁にかけての線に沿って進撃。0800時、第31歩兵師団戦区において、第21戦車大隊がソ連軍戦車部隊の攻撃を阻止。

1200時前後、第59機甲擲弾兵連隊の攻撃は成功したが、第21戦車大隊は依然としてソ連軍戦車部隊と戦闘中だった。1500時前後、第112機甲擲弾兵連隊第Ⅱ大隊は、スヴェーパ（スヴァーパ？）渓谷方面に攻撃を展開。第21戦車大隊が、これを支援した。1615時には、攻撃は成功をみるが、敵襲が絶えないため、戦闘前哨線を設けねばならなかった。

第102歩兵師団は、強襲部隊を投入しながら、初めての攻撃に臨んだ。ソ連軍が緊急反撃に出てきたため、それに対して防戦する形になったが、一帯の敵塹壕システムを制圧することができた。夕刻には、第102歩兵師団はマントイッフェル戦闘団との交代を命じられる。軍団の指示により、同歩兵師団と同戦闘団は、翌日の作戦行動においても相互に支援しあうことになった。

※※※

第4戦車師団は、0100時にノヴォトロイストクの周辺地域に入った。同師団は第XXXXⅦ戦車軍団に配されており、翌日の攻勢作戦に投入される予定だった。だが、同師団の第35戦車連隊は、第2戦車師団に配属となっていた。その埋め合わせとして、第4戦車師団は第904突撃砲大隊を受領した。

この日は（第9軍戦区の）どこでも、ドイツ軍がソ連軍の第2次防御陣地帯を突破することはできなかった。ソ連軍は、ドイツ軍が投入した戦車の数を上回る数の対戦車砲を揃えていた。とは言え、その対戦車砲の損耗数や砲員の死傷者数という点では、ソ連軍も高い代価を払っていた。

この日、第9軍は陸軍総司令部に対戦車砲弾100,000発を要求している。

※※※

第12戦車師団には、その所属車両に、より効果的な対空識別措置を施すよう、指示がくだった。

捕虜として収容されるソ連兵の数は少なかった。彼らは勇猛果敢に戦った。ソ連が対独戦争に勝利したのは、まさしく名もない個々の兵の献身的姿勢にその真の理由が求められるのであって、高級将校連の用兵術が卓越していたからではない。

彼らは戦車の支援もないまま、時には自殺行為にも等しい緊急反撃を展開した。その結果、ところどころで弱さの見えてきたドイツ軍の攻撃を、ますます頻繁にはねつけることができるようになった。

反撃に備えて、T-34戦車に再給弾。

そして、出撃。だが行く手には苦い結末が待ちかまえていることの方が多かった。前線に投入されたT-34の“平均寿命”はわずか1週間だったと言われる。

KV-1のような重戦車でも、戦果にありつく機会はごくまれにしか訪れなかった。

このKV-1は、第20戦車師団戦区で撃破されたもの。

戦車兵にとって、車内で焼死するというのは、なかでも最悪の結末だろう。

T-60ならびにT-70は、そのスピードといい、45㎜の適度な装甲厚といい、軽戦車としての優秀さは立証済みだった。

T-40は、機動性には優れていたものの、武装が貧弱だった。[T-40は当初12.7㎜重機関銃を装備していたが、すぐに写真の20㎜機関砲に変更された。ほかに同軸機銃として7.62㎜機銃を装備する]

SU-122自走砲は、それほど熟慮された兵器システムではなく、重量バランスを欠いたトップ・ヘヴィーの仕上がりになっていた。それが災いして、戦車駆逐車両として適任でなかったのは確かだ。

それに取って代わったのがSU-152であり、こちらの方が戦闘能力に優れていた。写真は第1052砲兵連隊のSU-152である。

第505重戦車大隊本部付きのティーガー“II”番車、オリホヴァートカ周辺地域で。

同じく第505重戦車大隊第2中隊のティーガー“231”、主砲が下がり気味だ。

車両の損傷状況に関する報告書

複写
第505重戦車大隊　戦闘指揮所　1943年7月7日
大隊長
件名：　Ⅳ号戦車の損傷状況
宛：　“白”集団 Gruppe Weiß

大隊は以下のとおり報告する。

1943年7月5日の攻撃展開中、ロシア軍の鉄条網障害の外側に沿って敷設された地雷に車両4両が乗り上げた。問題の地雷原は、標識付きの通路をたどって通過されるべきところ、当の標識――通路の両側に設置され、その幅を示すはずだったもの――が見あたらず、結果として、広く散開しつつ進撃する車両群には、そこが地雷原であるとわからなかったことによる。また、進撃中の大隊は、経路に地雷原が存在することを伝えられていなかった。大隊長たる小官は最先頭の車両群と行動をともにしていたが、ふたりの兵が猛然と手を振って合図を送るのを見るまで、地雷原という脅威がそこにあることにやはり気づかなかった。

小官と隣りあって走行中だった中隊長は、手信号により即座に（地雷原の存在を）知らされ、急遽（全車両に）停止を命じたが、時すでに遅く、4両が触雷したあとだった。にもかかわらず、いずれも行動不能となるまでには至らず。彼らは中隊から脱落することなく、若干の距離を置いて追随した。

これに続く進撃の過程で、同じ小隊の車両2両が、またしても地雷原に踏み込んだ。この地雷原は、ヴェールヒ・タギノの南方、ふたつの森のあいだに敷設されたもので、標識も設置されぬまま、すでに友軍歩兵部隊と突撃砲数両がこれを踏破したあとでもあった。
同小隊の残る2両も停止し、そもそも最初の機動中に、走行装置が破損していたことを乗員が確認。その損傷度合いから、彼らが中隊に追随するのは不可能と判断された。道路の渋滞および遠距離が災いして、予備部品を積んだ車両群は7月5日夕刻まで前線に姿を見せなかった。

さらにステップ北西の高地へ向けて南東に突撃を続行した際、開豁地において大隊軍医の搭乗車ほか1両のⅥ号戦車が、

ティーガー部隊の支援についた第2戦車師団の装甲兵員輸送車部隊。写真は24口径長7.5cm砲を搭載したSd.Kfz.251/9。[第2戦車師団の隷下には第2および第304機甲擲弾兵連隊があった。ただし、写真左の車両は本書97ページ下のものと同じ車体と思われる]

任意に移動させられる（非固定式の）封鎖障害物に突き当たり、後退の際にもう1両が同じようにそこに踏み込んだ［英訳者注／これは記録にない友軍設置の障害物だったと思われる］。

中隊が保有する交換部品は、この時点で不足気味だった。交換が必要となるのは常に同じ部品（たとえば第1転輪のスイングアーム、複列式転輪、履板、ベアリング）という事例が多いためである。

7月6日、大隊は東進し、戦車の支援を得て北上してくる敵戦力の側面に向けて、攻撃を実施した。その結果として展開された戦車戦において、ステップ南縁から223.6高地にかけての地域で（1：50,000の地図参照）、下記の車両が触雷した。

本部：　　ティーガー 2両、歩兵支援戦車1両
第505重戦車大隊第1中隊：　ティーガー 5両
第505重戦車大隊第2中隊：　ティーガー 5両

このときの被害によって、やはり前述の事例と同様に、またもや同種の交換部品が大量に必要となった。なかには、履帯を損傷・喪失し、僚車による牽引を余儀なくされた車両もあった。なお、走行装置の破損には、地雷のほか、敵火によるものもあり。

同種の交換部品が大量に必要であるということは、まずもって整備中隊との連絡が不可欠ということであり、そのために補修作業の開始は7月6日夕刻を待たねばならなかった。実際に作業が開始されると、損傷車両をすべて作戦可能状態に戻すには、整備中隊が用意した交換部品が全種類とも——特にベアリングが——足りないことが判明した。したがって小官は、補修により長い時間がかかると思われる1ないし2両のティーガーから、足りない部品を調達するよう命じた。その他、変速機を損傷したティーガー 3両が整備中隊で補修を待っていたため、それら3両の部品も利用可能と判断された。

大隊が保有していた予備の変速機のうち、すでに2基は、本国から不完全な状態のまま到着した車両に搭載済みである。また、最近到着の11両については、変速機が従来の車両のものと異なっている。にもかかわらず、車両とともに送られて然るべき予備の変速機が送られてきていない。

さらに、整備基地にはエンジン不調を抱えた車両が、補修も

これもティーガーに随伴するSd.Kfz.251。車両番号が一部欠けていて正確には読みとれない。［こちらは標準的な兵員輸送タイプ、Sd.Kfz.251/1C型のなかでも車体の装甲板をリベット接合で組み立てた仕様。熔接タイプに比べて生産数が少ない］

できないまま留め置かれているが、これは交換用のエンジンが払底していることによる。予備エンジンの支給については、再三に渡って電報で、あるいは電話で、陸軍兵站局第V部（整備補修担当）にこれを要請している※。

各中隊が保有する交換部品は、決してじゅうぶんとは言えない。じゅうぶんな個数の交換部品を（中隊が作戦地域に）持ち運ぶのもまた不可能である。車両の積載量には限界というものがある。整備中隊でさえ、たとえば走行装置の交換部品など、必要とされる個数を必ずしも揃えてはいない。

付言するならば、補修作業は整備班員7名が確保できないという事実によっても遅れ、まずは整備基地から彼らに代わる整備要員を連れてくるという手間が必要だった。ちなみに、破損したトーション・バーの補修には、熟練の整備班でも10-12時間は必要である。

喪失数
・敵火によるもの
VI号戦車2両——全損
VI号戦車2両——走行装置破損
VI号戦車2両——走行装置ならびに冷却システム破損
・地雷によるもの
VI号戦車16両——走行装置破損
・変速機破損によるもの
VI号戦車3両

作戦不能となった車両の補修に、今回は下記の交換部品が必要だった（一部は、より長期間の作業にまわされる予定の車両から確保された）。

エンジン	1基
変速機	1基
ラジエーター	4個
歯板付き起動輪	2個
起動輪歯板	4個
転輪スイングアーム（前）	12本
転輪スイングアーム（後）	1本
複列式転輪	19個
延長ハブ付き転輪	12個
単板式転輪	55個

第505重戦車大隊は、7月6日に2両、翌7日にもう1両の全損を報告した。

絶えず給弾（と給油）に追われるティーガー部隊。1943年7月5日の1日だけで、彼らは42両のT-34を撃破した。[砲塔両脇の発煙弾発射器にも発煙弾が装填されている]

アメリカからのレンド - リース機ダグラスA - 20ハボック、出撃前の風景。この中爆撃機部隊は7月7日にサモドゥロフカにあった第2戦車師団隷下部隊とブーアマイスター戦闘団を襲い、大打撃を加えた。

大型ベアリング	32個
誘導輪アーム	3本
ナット緩み止め	14組
履板	291枚
起動輪用ボルト	46本

（署名）ソヴァン
少佐、大隊長
現在地は特に秘す、1943年7月8日

※破損箇所が走行装置でなければ、敵火による損傷は必ずと言っていいほど即座に修理されるのが常だった。

中央軍集団、司令部
軍集団兵站部／V（戦車）——Az.76（局番76）
宛：陸軍総司令部／陸軍兵站局

第505重戦車大隊の車両補修用として要求のあった交換部品——エンジン1基、変速機3基——は、ブリャーンスクの陸軍補修用部品“D”集積所から（同大隊の）整備中隊へ送られた。

要求のあったエンジンについては、7月7日に野戦補給処“F”によってオリョールへの空輸が要請された。エンジン1基は、可及的速やかに空輸されたとのことで、これは大隊付きの車両整備分隊長（Fz In）に引き継がれた。

変速機3基が本国から空輸で送り出されたのは7月8日であり、同9日にはオリョールに到着の見込みである。

中央軍集団司令部兵站部長
（署名）
この写しの正確なることを確認す。
（署名）
上級整備主任（K）

この日（7月7日）第3戦車連隊は、0915時には敵戦車15両撃破を報告していた。さらに1330時、同連隊は238.5高地から出撃、257高地攻略に向かう。［写真は防盾と車体前面に増加装甲をボルト接合したIII号戦車M型。車体のシュルツェンは失われている。車体上部の増加装甲と車体下部前面に搭載した予備履帯に37ないし45㎜級の砲弾を1発ずつ被弾しているが、本体装甲の貫通は防げたのだろうか］

第2戦車師団第38戦車駆逐大隊のマーダーⅢ対戦車自走砲、同大隊がブーアマイスター戦闘団に配されていた当時の撮影。

だが、その裏で同連隊は早朝に所属車両5両を失っていた。

第3戦車連隊は敵の三重の防御陣地帯を突破しつつ進み、なおかつ敵戦車部隊の反撃をかわさなければならなかった。

敵の第1線陣地帯に到達。地面のあらゆる窪みが遮蔽として利用されている。

夕刻、第3戦車連隊は231.5高地に全周防御陣地を構えるに至った。

機甲擲団兵部隊も、敵の緊急反撃に対処しなければならなかった。この陣地には重機関銃仕様のMG42が据えられている。[この機関銃チームの所属は肩章と袖章の文字から機甲擲弾兵師団“グロースドイッチュランド”と識別できる。同師団が配置されたのは第XXXXVIII戦車軍団、なぜか南部戦区の写真が紛れ込んでしまったらしい]

第3戦車連隊陣地の正面、撃破されたT-34が複数確認できる。右の1両は砲塔が吹き飛ばされている。

この戦区では、回収作業を規定どおりに進める余裕がなかった。損害は深刻で、FAMO社製18t牽引車の到着を待っていられず、規定違反を承知で僚車による牽引が実施された。

自走砲はいつでもどこでも可能な限り支援任務に従事する。これは戦闘中のヴェスペ。

下左／功労者の顕彰、表彰は機会があり次第、実施される。［左奥の兵の上着ボタンホールに第2級鉄十字章のリボンがかけられている］

ロシアの土木工兵が勲章を授与される場面。

ロシア軍の85㎜対空砲は、ドイツ軍で言えば名高い8.8㎝砲に相当する。鹵獲されれば、ドイツ兵もこれを使用した。写真の砲は防壁を設けるなどの隠蔽措置がいっさい取られていないことから、プロパガンダ写真の撮影用か訓練目的で据えられたのではないだろうか。

装填作業中のネーベルヴェルファー15㎝41式ロケット弾発射器。

33式重歩兵砲。"健全な戦士にして農民"というのが、ドイツ兵のあるべき理想の姿と喧伝されてはいたが、まさしくそれを地で行くような光景が展開している。

ヴェスペの10.5㎝榴弾砲の砲身が破裂している。この種の事故は——特にこれほどひどい状況であれば——クルーの身にもじゅうぶんに危険がおよんだであろうと想像される。

砲兵部隊も多くの犠牲を払わねばならなかった。これはソ連軍の45㎜対戦車砲。おそらくは陣地変換の途中でやられたのだろう。

第20戦車師団第21戦車大隊隷下中隊の小隊長。相当の古株の将校らしく、最初期型の戦車搭乗服に身を包んでいる。この型は1936年を最後に公式には支給されていない。

隣に写っているのは砲手。この軍曹もやはり最初期型のジャケットを着用している。

これはソ連軍が対戦車任務に使用した122mm砲だが、直撃弾を受けてみごとに粉砕されている。[ソ連軍の野砲の多くは、速射には向かなくとも直接照準器を装備して、近接戦闘（対戦車任務）に備えていた]

作戦の幕開けから数日間、ドイツ軍の進撃速度は降雨によっても鈍りがちだった。低地は言うに及ばず、街道も水びたしでほとんど通行不能になった。

KV-1S重戦車の車長。

交戦中の第18戦車師団のIV号戦車。2100時前後には、第52機甲擲弾兵連隊とともに、第18戦車大隊所属の1両の戦車が240.2高地に到達した。

スヴェーブ渓谷に向かって進撃する第20戦車師団第21戦車大隊。いずれもIV号戦車G型である。

第21戦車大隊は、この日、朝のうちにソ連軍の緊急反撃を撃退している。

第20戦車師団第112機甲擲弾兵連隊の無線手。

この新型無線装置（Feld Fu.b）には問題が発生することもあったが、熟練の無線手によって克服された。

これまで語られることはなかったが、ルフトヴァッフェの対空砲部隊数個も、この戦区に投入されていた。

右ページ上／第112機甲擲弾兵連隊が、ルフトヴァッフェの対空砲陣地を通過して進撃する。

右ページ下／開豁地という周囲の環境にあわせてカモフラージュが施された8.8㎝対空砲陣地。

第102歩兵師団は、戦車部隊の支援を欠きながらも拠点防衛の手法でソ連軍の緊急反撃を払いのけ、後刻、一帯のソ連軍塹壕システムを制圧した。

第12戦車師団のIV号戦車“612”。ルフトヴァッフェは、同師団の車両を上空から識別するのが困難であることを指摘、改善を訴えた。

第20戦車師団によって朝のうちに撃破されたT - 34が検分を受けている。[1942年後半からチェリャビンスクのトラクター工場“タンコグラード”で製造された六角砲塔のT-34。鋭いエッジをもつ砲塔側面にはまったく焼けた形跡がないにもかかわらず、転輪ゴムタイヤすべてが完全に燃え落ち、白い灰となって積もっているのが興味深い]

第12戦車師団隷下部隊の大半は、ほとんど前線投入されていなかったことを考えると、この写真には当惑させられる。同師団のIV号戦車とともに写っているのは、第4戦車師団所属のSd.Kfz.251に乗り込んだルフトヴァッフェの地上連絡将校である。

この日、第4戦車師団の第35戦車連隊は、第2戦車師団に配属された。

この日はそれなりの戦果が得られたにもかかわらず、どの戦区においてもソ連軍の第2線防御陣地を突破することはできなかったことが判明。それはティーガー部隊も同様だった。

損傷したティーガーが補修のため後方へ送られる。しばしば見られるケースだが、回収作業は全面的に規定どおり実施されるとは限らない。この写真でも、FAMO製18トン牽引車は2両しか使われていない。規定では3両で作業にあたることになっているのだが。

夕刻、第505重戦車大隊は可動ティーガーがわずか3両という事態に追い込まれた。2㎝対空砲FlaK30に守られながら、戦車のクルーが野営の準備中。彼らはそれぞれ休養を取るが、必ず誰かひとりは警戒に立つ。

この日は第177突撃砲大隊も困難な戦闘に参加している。同大隊は、第654重戦車駆逐大隊のフェアディナント部隊とともに、第86歩兵師団と第292歩兵師団の支援をおこなった。これはIII号突撃砲G型の主砲の交換シーンを撮影した珍しい写真である。

第12戦車師団第12機甲砲兵連隊の火力支援用III号戦車。だが、この車両には『ツィタデレ』作戦用に指定された部隊章が見えない。その代わり、師団章の下に小さいスヴァスティカが白で描かれている。『ツィタデレ』作戦の期間中、同師団の第29戦車連隊は、常に移動中だったが、この日は第XXXXVI戦車軍団に配されることになった。[砲を撤去して観測機材と無線機を搭載し、ヴェスペとフンメル部隊の着弾を誘導する砲兵観測戦車（III号戦車）である]

1943年7月8日

天候：晴れのちところにより曇り。午後は全般に曇り空、にわか雨あり。

この日の朝、各師団長には、ソ連軍の反攻攻勢が迫っていることが伝えられた。1400時、モーデル上級大将は、より多くの戦車部隊を機甲擲弾兵（機械化歩兵）部隊とともに防御戦闘に投入するよう指示、疲弊した部隊との速やかな交代を図った。フォン・マンシュタイン元帥がクルスク南部戦区で採用した電撃作戦的な戦術は、ここ北部戦区においては——実際にはそれが可能だったかもしれないとしても——適用されなかった。だが、モーデルに果たして他の選択肢があっただろうか？

ともかくもこの日、クルスクへの容易な突破の可能性は消えたのだった。

※※※

0430時に第18戦車師団が提出した朝の定時報告には、何の異常事態も言及されていない。同師団の第18戦車大隊——ただし7月8日から10日まで第292歩兵師団に配属となった同第2中隊を欠いている——は、ポヌィリ（北）の北部地区の西へ1kmの地点へ投入される予定だった。その任務は、敵の西への突破を阻止することだった。その後、第18戦車師団には第292歩兵師団の支援にまわるよう命令がくだった。彼らは鉄道線路の防御任務に従事し、その後、攻撃に転ずることになった。

第292歩兵師団は、隷下に配属された戦車中隊の掩護のもと、ソ連軍第3戦車軍団の数度に渡る熾烈な攻撃を寄せつけず、何両かの敵戦車を撃破することもできた。また、同師団はフォン・クルーゲ元帥の訪問を受け、第9戦車師団左翼の救援について協議した。

この日の午後、第52機甲擲弾兵連隊は戦車部隊の支援なしに攻撃を開始したが、その進み具合は遅々としたものでしかなかった。敵の防御態勢は異常に強固で、しかも大々的な火砲の

この日早朝から、ルフトヴァッフェは第33戦車連隊戦区のソ連軍陣地に対して攻撃を続けた。写真のユンカースJu87Dはスパッツを取り外しているが、これは泥が詰まって主輪が動かなくなるのを防ぐため。

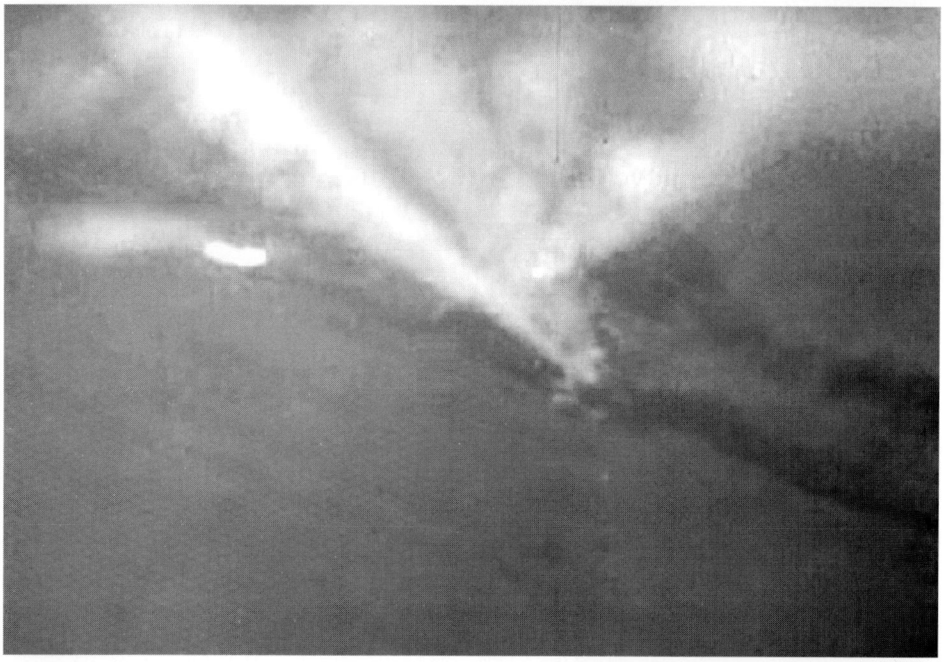

戦車や対戦車砲らしきものが見えれば、即座に攻撃。

また1両のT-34を仕留めた。

その朝、第33戦車連隊は戦車28両をもって攻撃を開始した。

支援を得ていた。だが、出足が遅かったにもかかわらず、同連隊は敵の防衛線に食い込み、その戦力をいくらかでも追い散らすことに成功した。

夕刻、第18機甲偵察大隊隷下の1個中隊が、激しい奇襲砲撃を受け、パニックに陥った。奪取して間もない陣地内で身を避ける代わりに、彼らは後退することで難を逃れようとした。シェーンベック大隊の隷下部隊も恐慌状態に巻き込まれた。大変な苦労の末に獲得された陣地が、こうして失われた。このときの、迫撃砲も交えた敵の砲撃により、多くの犠牲者が出た。第52機甲擲弾兵連隊は陣地の再確保を命じたが、その結果、さらに死傷者を増やすことになった。

その間、第18戦車大隊は、第292歩兵師団左側面に控えたままだった。辛うじて第177突撃砲大隊の2個中隊と、第654重戦車駆逐大隊のフェアディナント数両が、第52機甲擲弾兵連隊の掩護を引き受けている。

この戦区では、『城塞』作戦の開始以来、ドイツ軍がソ連軍陣地帯に12㎞の深さまで食い込んでいる。

翌日のための軍団命令では、第18戦車師団と第292歩兵師団によるポヌィリ全域の確保が期待されていた。

※※※

ムマート戦闘団は、0600時、南東からビチューク方面に向けて動き出した敵の攻撃を受けた。この敵襲をはね返した同戦闘団は、即座に反撃を開始。だが、側面から砲撃されたのに加えて、敵の戦車部隊に阻止され、〈ポヌィリ2〉の橋まで到達できなかった。0845時、第33戦車連隊第Ⅰ大隊は、可動戦車がわずか18両となったことを報告した。

ルフトヴァッフェは、シュマル戦闘団の正面地域をはじめ、敵砲兵の一大戦力が布陣しているオシノヴィー西の森林地帯を爆撃。これと同時に、第33戦車連隊と第9機甲偵察大隊はポヌィリ2南西の森を攻撃した。

正午近く、第11機甲擲弾兵連隊第Ⅰ大隊はその側面を脅かされ、ビチューク東縁（ポヌィリ2〜ルジャヴェーツ街道）で進撃停止に至る。これと時を同じくして、同第Ⅱ大隊は（ポヌィリ2の）橋を目指し、南東に押し進んだ。

第33戦車連隊は、さらなる損失を報告。第10機甲擲弾兵連隊第Ⅱ大隊の戦区においても、攻撃は停滞。1335時には高級将校の死傷者が報告され、ムマート戦闘団は最後の予備戦力を投入した。にもかかわらず、1430時、許容範囲内とは言いながら損失が確認された。第33戦車連隊の可動戦車はなお11両を数え、隊員の士気は良好と報告されている。

こうした楽観的な報告とは裏腹に、状況は危機的だった。ソ連軍は次々と緊急反撃を企て、その結果、第10機甲擲弾兵連隊第Ⅱ大隊の装甲兵員輸送車装備の2個小隊が包囲された。

これに対して、ポヌィリ2近辺の“鎌形の森”と“箱の森”

数両のIII号戦車とIV号戦車が、警戒を続ける。どの車両もシュルツェンが取りはずされている。彼らはその夜、敵襲を受けて蹂躙された。

午後には、その可動車両は11両にまで減った。写真のIII号戦車J/L型は、午前中に何度も被弾したもの。

右ページ／第177突撃砲大隊は2個中隊をもって、第292歩兵師団の進撃を支援。

を目標として攻撃命令がくだされたが、戦車部隊の支援は期待できなかった。

2045時、第10機甲擲弾兵連隊第Ⅱ大隊から、残る戦力は装甲兵員輸送車装備の1個中隊のみとの報告が入った。さらに、2145時には第33戦車連隊から、敵襲に圧倒され、未だ状況の修復は叶わずとの報告が入った。

※※※

第3戦車連隊は、コッセル突撃砲大隊と第505重戦車大隊に後続して出撃。その任務はオリホヴァートカ南西の274.5高地一帯の丘陵を制圧することにあった。同連隊は、第6中隊を先頭に、第7中隊がその後方右に、第8中隊が左に占位するという典型的な楔形の隊形で進んだ。

捕虜の供述によれば、ドイツ軍は今にも毒ガス兵器を使用するだろうとの噂がこのときソ連兵のあいだに広まっていたようだ。おそらくは、クトゥールキー周辺でロケット弾発射器ネーベルヴェルファーが使われたのが、こうした噂に結びついたのだろう。第3戦車連隊第Ⅱ大隊は、1530時にコッセル突撃砲大隊の側面を通過して進撃の予定だった。

ソ連軍は戦車部隊をともなった大規模な緊急反撃を実施するも、1700時、チョープロエの南3㎞の地点で阻止された。エンドヴィシュチェ（エンドヴィチュケ？）付近から発起され、クトィールキー（クトゥールキー？）方面を狙った攻撃も、やはりドイツ軍がこれを押し戻した。ソ連軍第70親衛狙撃師団は、272.9高地および274.5高地に優れた防御態勢を敷いていたが、多数の死傷者を出しつつあった。そして、各戦列中隊の兵力を10-15名にまで減らした挙げ句、オリホヴァートカ方面へ引き揚げざるを得なかった。ところが、ドイツ軍の攻撃も、右手から埋設戦車群の砲撃を受けた結果、中止に追い込まれた。ここでドイツ側も若干数の戦車を失った模様。第3戦車連隊第Ⅱ大隊は、238.1地点（高地）まで戻り、全周防御陣を形成し、特にその右側面へのソ連軍戦車部隊の来襲に備えた。

第59機甲擲弾兵連隊は攻撃を続行し、1430時には222.8高地まで進出した。

※※※

数両のフェアディナントも支援に参加した。

第505重戦車大隊の攻撃開始に備える第904突撃砲大隊。第3戦車連隊第II大隊第6・第8中隊の戦車も、274.5高地から後続することになっていた。

右ページ／第904突撃砲大隊は現場に不在の第18戦車大隊の役目を肩代わりした。第18戦車大隊は何の命令も受領していなかったのだ。

第4戦車師団の夜間行動は敵に察知され、空からの擾乱活動にわずかながら悩まされることになった。

この日、『城塞』作戦の開始当初から欠けていた第505重戦車大隊第3中隊が、大隊に合流を果たした。

第4戦車師団第33機甲擲弾兵連隊の戦区では、0505時に攻撃が開始された。当初は万事順調だったが、サモドゥロフカ北を東西に走る街道を横切る際に、激しい砲撃を受けるようになった。また、触雷する車両も出始めた。それでも、0615時、同連隊はサモドゥロフカの東部地区を確保した。

1215時、第49戦車駆逐大隊所属の1個中隊が、ソ連軍戦車部隊の来襲を撃退した。

1300時、第4戦車師団は274.5高地への攻撃を続行中だった。第35戦車連隊第Ⅰ大隊がその先頭に立ち、第505重戦車大隊から抽出のティーガー3両もそれに続いた。

第33機甲擲弾兵連隊の両側面は、依然として開いたままの

前日に撃破されたT-34が、検分に供されている。
[III号突撃砲G型に施された非常に細かい迷彩パターンが興味深い。明らかに3種類の明度が読み取れるのだが……]

第505重戦車大隊に残された可動ティーガーは、攻撃に移ろうとしていた。直前のにわか雨により、地形は部分的に浸水している。

オリホヴァートカ南西、274.5高地攻防戦。写真はティーガー“212”とその僚車。全力を挙げて攻撃中。

7月8日の戦闘で、ソ連軍第70親衛狙撃師団は、ほぼ全滅に。写真は作戦中のティーガー“201”。

状態だった。彼らはすでに100名ほどの死傷者を出していたが、午後には253.5高地の攻撃に移った。チョープロエ（東）からの攻撃に際し、彼らは第103機甲砲兵連隊の支援を受けた。これと同時に、第35戦車連隊第Ⅰ大隊（ブーアマイスター大隊）と第505重戦車大隊が、同高地に突撃を敢行した。

第33機甲擲弾兵連隊第Ⅰ大隊の進撃は、チョープロエの南100mの地点で停滞した。272.9高地と274.9高地に対する攻撃は、埋設戦車群に直面して失敗に終わり、1400時に中止された。だが、ソ連軍がすかさず戦車部隊を繰り出して実施した緊急反撃もまた、失敗した。これを撃退したのは第35戦車連隊第Ⅰ大隊と第505重戦車大隊のティーガー部隊である。

1620時、第33機甲擲弾兵連隊は、防御戦闘に移行した。第4戦車師団の2番目の機械化歩兵連隊である第12機甲擲弾兵連隊は、その姉妹連隊の右に占位し、右側面彼方の友軍部隊との間隙を埋める予定だった。ところが、第12機甲擲弾兵連隊本部に、この任務を遂行せよとの命令が届いたのは、1835時になってからだった。そして、誤解と不運の連鎖に加えて、間断なく続く敵の砲撃に邪魔されたため、結局この任務が実行に移されることはなかった。

第4戦車師団にとって、この日はⅣ号戦車（長砲身）3両が登録抹消となるなど、車両の損失も多かったが、人的損害が集中した日でもあった。戦死者は74名、負傷者は210名にのぼった。対するに、戦果は最小限にとどまった。それでも、T-34を4両、KV-1を1両撃破したほか、2両のKV-2を損傷させ、対戦車砲20門を排除、対戦車ライフル20挺を破壊した。ソ連側の死者は200～300名と推定される（186ページ以下に掲載した手記を参照のこと）。

右に隣接する第31歩兵師団は、1500時まで攻撃を開始しなかった。

第20戦車師団第59機甲擲弾兵連隊第Ⅲ大隊の攻撃は順調に進んでいたが、その姉妹大隊たる第Ⅰ大隊は、頑強な抵抗に遭っていた。

※※※

第102歩兵師団ならびにマントイッフェル戦闘団の戦区では、この日は終日静かだった。

ティーガー部隊は、敵戦車部隊が反撃に現れたようなとき、いくたびも友軍を窮地から救った。写真、ティーガーに後続するのは第35戦車連隊のIII号戦車。

ティーガーに食われたT-34。

前方投入された15㎝榴弾砲中隊の陣地を通過するティーガー。

※※※

第21戦車大隊が1515時にサモドゥロフカを獲得したのち、1605時、第112機甲擲弾兵連隊は、219高地の西500m地点から攻撃をかけた。初期段階では、第21戦車大隊がこれを支えた。ところが、同大隊が引き揚げられると、機甲擲弾兵連隊の進撃は停止した。そのため同戦車大隊は呼び戻され、再びその支援を得て、第112機甲擲弾兵連隊はようやく目標地点に到達したものの、多数の死傷者を出すことになった。

2030時、第21戦車大隊は、地雷原に行き当たって損失を出したことを報告。その後、ひとりのソ連軍脱走兵の助言をとおして、その地雷原の境界を見分けることができた。

※※※

第12戦車師団の第29戦車連隊第Ⅱ大隊は、ただちに第XXXXVI戦車軍団戦区へ移動せよとの命令を、野戦電話を通じて受領した。その警報は、同大隊がサロショニキーの森林地帯からその南西、249.8高地方面を目指して攻撃を実施するのだということを示していた。攻撃後は、サロショニキーの森に集結することになるはずだった。

この日、第505重戦車大隊は危機的状況に陥っていた。大半の車両が作戦不能となっていたからだ。3両は全損だった。それらは整備班に引き取られた。手前のII号戦車は砲兵の観測車両である。

チョープロエにて

ラインハルト・ペータース少尉、
第35戦車連隊第Ⅰ大隊、小隊長

カラーチェフ周辺地域で数週間の休養期間を過ごしたのち、私たちの大隊がついにまた前線へ戻る日が来た。7月初めの数日間で、私たちはリーヴヌィ周辺地域に移動した。夏季大攻勢が目前に迫っていた。7月7日から8日にかけての夜間、私たちは集結地区に入った。月の輝く、明るい夜だった。ポドリャン、ボブリク、ソボーロフカを経て、私たちは自分たちの待機地区に到着した。そこには私がそれまで見たこともないほど多数の戦車が集まっていた。幸いにも、イーヴァーン（ソ連兵）はまだ何も気づいていないようだった。何しろ、ここを爆撃したら連中にとってあとでどれほどの利益になるかわからなかった（のに、その気配もなかった）からだ。

7月8日0230時、出撃命令がくだった。目標はチョープロエに近い240高地だった。その方面に向けて、頭上を雷鳴のような轟音をたてて飛んで行くのは、友軍機の編隊、また編隊だ――爆撃機、シュトゥーカ（急降下爆撃機）、そのあとからまた爆撃機、シュトゥーカ。それが数時間続いた。彼らは次々と240高地にその積み荷を落として行った。シュトゥーカは、個別目標――前方斜面沿いに埋設されたT-34やKV-1など――を狙うこともあった。爆撃は有無を言わせぬ効果があったようで、以後は万事が快調に進むものと思われた。

当初はゲオルギ中隊が先頭に立った。私たちの車両群がサモドゥロフカの峡谷を出たとき、彼らはすでに対戦車砲や戦車砲の集中射撃を浴びていた。あれほど大規模な爆撃作戦の後とあって、これは予想もしていなかった。攻撃第一波は浮き足立った。彼らに続く戦車中隊が防御砲火に立ち往生したところで、私たちの出番だった。

プラスト中尉が攻撃命令を出す。が、彼の車両は200メートルばかり進んだあたりで撃破された。小隊長のなかでは最先任のベック少尉が、代わって指揮を執った。だが、それも長くは

第505重戦車大隊の装甲弾薬運搬車が"虎に飯を食わせに"急ぐ途中。[これらはIII号戦車の砲塔を撤去して改装したもの。左は工兵仕様と思われる]

第35戦車連隊とともに展開した攻撃作戦は困難をきわめた。272.9高地と274.9高地の奪取が目的だったが、投入可能なティーガーはわずか3両しかなかった。

第35戦車連隊のIV号戦車が作戦中。目の前では対戦車砲陣地が炎上している。

場所によっては、歩兵部隊が戦車の支援を欠いたまま攻撃を敢行しなければならなかった。

次ページとも／たとえ戦車や突撃砲がその場にいても、限定的な勝利しか得られないこともある。

続かなかった。直後に彼の車両もまた命中弾を食らったのだった。そうなれば私が引き受ける番だった。私は命令をくだした。「戦車、前進せよ！」

とは言え、無事な戦車は、もうそれほど多くなかった。私の隣を走る車両も、わずか2両か3両だった。アルガイアー上級曹長が、埋設されたKV-1を発見した。この類《たぐい》は多かった。いかにも彼らしい、落ち着き払ったシュヴァーベン流儀で彼は砲手に命じ、その戦車を照準内に捉えさせた。だが、距離が遠すぎた。7.5センチ砲弾は跳ね返された。すると彼は、相手の正面の地面に榴弾を何発か撃ち込ませた。土がえぐられ、土埃が巻きあがり、相手の視界をさえぎる。相手は射撃できなくなる。その隙をついて、相手に近づいてやろうという算段だった。同じことが何度か繰り返された。そうやって、ついに彼は思いどおりの地点まで車両を進めた。あらかじめ徹甲弾を装塡しておき、彼はてぐすねひいて待っていた。もうもうたる土埃がおさまったそのとき、彼は砲手に射撃を許可した。いけるか！　よし、命中だ！　これぞ達人技だった。

派手に砲弾が飛び交い、あたり一帯に硝煙と土煙が立ちこめていた。空が全体にヴェールで覆われているようだった。何となく、もう午後になっているような気がしたが、腕時計を見たらまだ0900時だった。

その間に、ペトレッリ中隊は高地のふもとに広がるチョープロエ村に達し、その家並みを格好の遮蔽物にしていた。攻撃は再び停滞しつつあった。私たちは、このとき初めて“ゴーリアト（ゴリアテ）”を投入した。爆薬を積んだ小型の装軌車両で、遠隔操作で誘導できる新兵器だった。しかし、それらが期待どおりのはたらきをしてくれたとは言いがたい。故障するか、さもなければ撃破されてしまった。いずれにせよ、それらは何の足しにもならなかった。

それよりも、私たちの背後からソヴァンのティーガー大隊が進撃してくるのを確認したときのほうが、よほどに安堵感を覚えた。私たちは何がしかの増援なり交代なりを必要としていたからだ。ところが、車長用ハッチの縁越しに双眼鏡で周囲を確

認しようとした瞬間、大音響がして、私は凄まじい勢いで自分のシートに叩きつけられた。ついに俺たちの番か——そう思った。だが、乗員全員、無事だった。そして、車両も。理由はすぐに判明した。1両のティーガーが遮蔽物を探して、私のIV号戦車のすぐ後ろに来ていたのだった。それが射撃を開始したとき、その8.8センチ砲のマズルブレーキは、私の開いたハッチからわずか1メートルの位置にあった。まさかティーガーの活躍をこんな形で目撃することになろうとは、思いも寄らなかった！

午後になると、ロシア軍が早速反撃してきた。私たちは峡谷のはずれまで後退し、態勢を整えた。ロシア軍の1個戦車部隊が、私たちの左手1,000メートルのあたりまで来ていた。私たちは、その側面に有効な射撃を浴びせることができた。それでも残った連中は、ティーガー部隊が引き受けてくれた。だが、これと同時に、ロシア軍の歩兵部隊も来襲した。私たちの正面の地形は、ロシア兵であふれていた。彼らは穀物畑を通って、静かに、じりじりと迫ってきた。私たちは、彼らが300メートル以内に近づくまで待った。そして、彼らがそこまで来た瞬間、機関銃や榴弾で「随意に交戦！」の言葉に従った。彼らは多くの犠牲者を出し、敵襲はこうして撃退された。

夜間、ペトレッリ中隊の一部が、私たちの所期の目的——240高地到達を果たした。しかし、明け方の薄明かりのなか、彼らは再び後退を強いられた。結局、敵にとっても重要地点であるこの高地を奪取することはできなかった。この日は大隊にとって暗黒の一日となった。整備担当の下士官たちは、車両の登録簿に繰り返し同じ言葉を記入しなければならなかった。「全損——1943年7月8日——チョープロエにて」と。

ソ連軍砲兵隊の間断ない活動は、作戦遂行に間接的にもせよ影響を与えた。写真は203㎜ 榴弾砲M1931(B-4)。

ソ連軍戦車部隊も、もちろん厄介の種だった。これは第23戦車旅団のT-34。

数々の戦果が報告されても、すでにドイツ軍は主導権を失ったという事実に変わりはなかった。騎士十字章帯勲の突撃砲兵将校が、撃破されたT - 34を検分中。彼の戦果なのだろうか。

歩兵部隊は獲得した敵陣地に定着するようになり、防御戦闘に移行しつつあった。

時には、こんな優雅さも見え隠れする。何と革手袋着用だ！

窮地に立たされて

ディートリヒ・フォン・ザウケン戦車兵大将、
第4戦車師団 師団長（当時）

オリョール攻防戦の期間中、師団長の指揮戦車は［英訳者注／フォン・ザウケンは自身のことを3人称で語っている］、チョープロエ村の峡谷のひとつにかかった低い橋を突破しようとして立ち往生した。通信将校のジーモン少尉が徒歩で偵察に出て、致命的な頭部銃創を負ったが、戦友たちはその瞬間を見られなかった。我々の周囲、すなわち涸れ谷《バルカ》の縁にはロシア軍の狙撃兵が潜んでいたが、それを見分けるのは不可能だった。

“熊の隊長”（第35戦車連隊長のコードネーム）は、車両無線で事態を知らされた。彼らの指揮官を窮地から救おうと、ただちにⅣ号戦車2両が駆けつけた。ところが、レーツィウス少尉は、警告を受けていたにもかかわらず、まだ倒れた戦友を救えると信じて、自分のⅣ号戦車の車外に出てしまった。彼もまた、頭部を撃たれて死んだ。

その間ずっと指揮戦車は橋の上で立ち往生したままだったが、無傷だった。車両がまだ回収可能と思われる状態にあるならば、その車両にとどまることは、いわゆる“名誉の問題”に属する事柄だった。

結局、指揮戦車は翌日に回収された。“名誉の問題”でなければ、“戦車兵の心意気”とでも言おうか……。

「君がチョープロエで動けなくなった際に、君の作戦将校［ルッツ少佐］は負傷していた。つまり、師団は指揮官不在の状態だったわけだ。」これは、翌日、戦闘指揮所で司令官［モーデル上級大将］から発せられた言葉だ。

「いや、そうとも限りません」と師団長は応じた。「“熊の隊長”との連絡は保たれておりましたから。」

「結構」と司令官は言った。「その種のことは常に起こり得るものだ。……私も一度、経験したことがある。」

さて、今振り返っても、“その種のこと”はいったいどれほど頻繁に起こったことだろうか!?

左ページ／ソ連軍と同様、ドイツ軍も多数の鹵獲兵器を活用した。[Sd.Kfz.251が牽引しているのは42口径長の砲身をもつ76.2㎜野砲M1939（76-39）で、捕獲したドイツ軍は7.62㎝ FK297（r）の識別名称を付けて利用した]

第2戦車師団第38戦車駆逐大隊も“酷使”された部隊のひとつだった。コシャーラ地区における7.5㎝対戦車自走砲マーダーIIIH型。

彼らは投入された先々で確実に戦果を挙げた。[六角砲塔タイプのT-34]

これもやはり第38戦車駆逐大隊の戦果である。

“胡桃割り男《ヌスクナッカー》”に捧ぐ！

ヨーゼフ・ライトル

諸君の多くは、かの歴戦の戦車兵、第4戦車師団の枠をはるかに越えて、“ヌスクナッカー”として勇名を馳せたあの男のことをまだ覚えているだろう。彼は1943年7月、クルスク突出部における攻勢作戦時に負傷し、その後、祖国の陸軍病院で死亡した。その名をアルガイアーといった。

1942年4月、オリョールで第2中隊［第35戦車連隊第2中隊］に配属され、彼に初めて会ったとき、私は「この上級曹長には、どことなく人を引きつける不思議な力がある」と感じた。私はまだ青臭い上等兵に過ぎなかったが、私に限らず、私たち全員の「何か大仕事をやってやる」という意気込みは、とどまるところを知らなかった。だが、結局のところ私たちは補充兵であり、全員が胸に何の飾りもない、つまり未経験者の集まりだった。だから、古参兵にはそれなりの尊敬の念を抱いていて、彼らの胸に輝く勲章やメダルがえらく眩しく見えたものだった。

私たちは、それぞれひそかに念じていた。一緒にいれば、派手な英雄的行為を成し遂げることのできるような戦車長の下に配されたいと。私が勝手に思い描いていたのは、アルガイアーだった。

ところが、実際に私は彼のクルーに加わったのだ！　私がこのクルーとともに砲火の洗礼を受けたのは、ボールホフでのことだった。その後、ムツェンスク近辺に移った頃には、私の名誉への渇望は、すでにいくらか水をさされていた。英雄願望も、いくぶん冷めていた。とは言え、戦車突撃章の銀章をもらったとき、誇らしい気分になったのは事実だが。日々は対パルチザン作戦その他で過ぎていった。

翌年の春までには、私も実績を挙げ、戦車長アルガイアーから二言三言の褒め言葉をかけてもらえるようになった。これは彼の知られざる一面だった。今なお私は“ヌスクナッカー”と呼ばれた我らが上級曹長の姿を目の前に見ている気がする。彼の小作りの、引き締まった顔だちを。そこに輝く目は常に、微笑をたたえているか、怒りに満ちているかのどちらかだった。

彼は文字どおりの意味で、目に物言わす男だった。要するに彼は歴戦の、思慮深い小隊長なのだった。彼の言葉や話し方は、時に温厚で、時にナイフのように切れ味鋭かった。この人の胸には、ふたつの違った魂が埋め込まれている——私はしばしば

第35戦車連隊は、第505重戦車大隊のティーガーを配属されたが、突破を成し遂げることはできなかった。

そんな風に思ったものだ。

1943年7月、ある作戦に関する命令がくだったとき、すでに私たちは長砲身のIV号戦車を受領していた。これでロシアのT-34とどこまで対等に渡り合えるか、私たちは早く試してみたくてうずうずしていた。

集結地に入った日、太陽は容赦なく照りつけていた。戦闘機に護衛されたシュトゥーカその他の群れが、轟音とともに頭上を飛び過ぎて行った。その直後、友軍砲兵が奏でる、おなじみの音楽が聞こえてきた。敵の火砲のシュッシュッという伴奏がそれに加わった。それが次第に激しさを増し、かつてないほどの規模に達したので、私たちにも間もなく起ころうとしていることの見当がつきはじめた。

私たちの、そして隣接師団の車両群は、幅広い梯形隊形を組んで進発した。広大な平原、チョープロエの戦場へと！

私たちは、それまでお目にかかったことがないというほどの集中砲撃の実演を目撃した。そして、戦車また戦車。私たちの側でも、イーヴァーンの側でも。さらに接近すると、ソ連軍の戦車や対戦車砲の大多数が埋設・定置されているのがわかった。まったく、うんざりするほどの数で、それを見るなりアルガイアーは低く口笛を吹いた。彼は冷静な態度を崩さず、それが全員に伝わって、私たちも落ち着いていられた。

ちょうど私たちの正面約200m先で、KV-1が1両、まるで火事になった家屋のように炎上していた。攻撃隊形からはずれたくなければ、私たちはそれに向かって進まざるを得なかった。運の尽きたその怪物戦車の横を通ったとき、鈍い音がした。見えない手がやったように、私たちそれぞれのハッチがいきなりバタンと開いた。私たちは車両ともども炎と煙に襲われた。それでもなお車長の命令がはっきりと車内に響いた。

「降車しろ！」

直後は頭が混乱し、考えを整理することができなかった。自分たちが撃破されたのだということを、ぼんやりと意識した。だが、実際に何が起こったのかをはっきりと理解したのは、その数秒後、自分たちの車両の陰に待避してからだった。KV-1の横を通過しようとしたとき、あの怪物が爆発し、その断片が私たちの車両の上に降り注いだのだった。車両のどこもかしこも燃えていた。アルガイアーは即座に消火活動を命じ、間もなく私たちは、再び走れる態勢になった。

その数日後、私たちはトロースナ周辺地域で戦っていた。我らが上級曹長がやられた場所だ。

T-34を4両、KV-1を1両撃破し、20門の対戦車砲を破壊しても、Ⅳ号戦車3両全損の埋め合わせにはならなかった。

ロシア軍の戦車部隊の攻撃を撃退した後――このとき私たちの砲手ベーリンガー軍曹は数両のT-34を撃破している――、私たちは防御任務に移った。私たち戦車兵にとっては、友軍歩兵部隊が自分たちの前にいる、あるいは横についていてくれるというのがわかるだけでうれしかった。各クルーは、それぞれの車両の下に例のよく知られたシェルターを掘って、そこに潜り込んだ。身体を思いきり伸ばせるようにしたかったからだ。

あいにく、イーヴァーンの擾乱砲撃は途切れることなく続いていた。それが私たちの隣にいた車両に特にひどく襲いかかった。乗員5名が彼らの車両の陰に立っていたとき、ごく至近距離に5発の砲弾が着弾した。私は自分たちの車両の下に潜り込んでいたが、衛生兵を呼ぶ悲鳴にも似た声を聞き、救急箱をひっつかんで戦友のもとへ走った。5人とも地面に倒れていた。頻繁に呼び立てられる我らが中隊付衛生下士官のヴァーグナー軍曹は――ウィーン出身の、生来親切な男だったが――このときはたまたま居合わせなかった。そこで私は自分に出来る限り、気の毒な戦友たちを介抱した。それが終わったとき、私は早く自分のクルーのもとに戻ろうとした。

そのとき――砲弾着弾の瞬間だった――、私は左側頭部に強烈な打撃を食らったように感じた。目の前に赤い輪がもやもやと広がり、私は意識を失った。

意識を取り戻した私の耳に、アルガイアーの声が飛び込んできた。「お前、なあ、おい……、弾幕射撃の真っ最中に飛び出して来る奴があるか。お前もまだまだ青いな。」私は治療後送所で皆に見守られていたのだった。2日後にはペータース少尉も姿を見せた。

ああ、それにしても兵士というのは、どれほど運命のいたずらに翻弄される存在であることか！　その後、起伏の激しい土地を走行中に、車長席の下に置かれていた短機関銃が暴発し、一発の邪悪な銃弾が彼の背中に食い込むという事故があった。だが、そのまま即座に本国の病院送りとはいかなかった。弾丸摘出の処置を受けたあとの彼は――そして私も――がんばって前線へ戻らねばならなかった。日々多数の死傷者が出ていて、とにかくひとりでも多くの兵が必要とされていたのだ。それで私も頭に包帯を巻いたままの姿で、慣れ親しんだ「ぽんこつ車両」に再び這い登ることになったのだった。いずれにせよ私たちには、ずっと以前から「戦車が我が家」も同然だった！

というわけで、私たちは再び車両の下に潜り込むことになった。あるとき、例のやむにやまれぬ生理現象に促された我らが上級曹長は、スコップを手に、穀物畑に入って行った。よりにもよってそんなときに、また周囲一帯に砲弾の雨が降って来た。

あの瞬間の「衛生兵！」という唐突な叫びが、どれほど私たちを震え上がらせたか、今思い出しても鳥肌が立つ。それが誰の声だったかは疑いようもなかった！　私たち3人は逆上し、最悪の事態を予期しながらも、猛然と彼のもとへ走った。数分後、私たちは負傷した不運な指揮官の横に立っていた。彼は無数の砲弾片を浴びていた。私たちは彼の身体をツェルトバーン（ポンチョ）で包み、車両の下に掘った待避壕に連れ帰った。

アルガイアーは少なくとも10ヶ所から出血していた。両脚が特にひどい有様だった。ヴァーグナー軍曹が傷の応急手当てをした。いちばん近い負傷者後送所の位置はわかっていたので、私たちクルーの無線手が応援を呼びに走った。無線手はふたりの医務班員を連れ、担架を持って戻ってきた。

我らが愛すべき上級曹長は、第33機甲擲弾兵連隊第Ⅰ大隊の次席軍医Dr.ストックマイアーによって——血の染みだらけの診察衣を着たその姿は、医者と言うより肉屋のように見えたが——プロの治療を施され、救急搬送車両に委ねられた。そして、他の負傷者とともに後方の大きな病院へ送られることになった。

後送される際、彼は私にこう囁いた。「みんなには感謝している。君が負傷したとき、俺は馬鹿なことを言ったようだが、どうかそのことで悪く思わないでくれ……君らはこのままうまくやれよ。油断するんじゃないぞ。もし俺がまた戻ることがあれば、そのときはまた君らの車長に返り咲きだ！」

これが彼の見納めになろうとは、このときの私たちには知る由もなかった。

それでも戦況は速やかに推移し続けた。そして、死に神は絶好の収穫時とばかりに、その鎌で私たちの戦友の命を刈り取り続けた。負傷者はとうてい数えきれなかった。軍医や衛生兵は、無慈悲をきわめた戦場に立つ、無口な英雄だった。

我らが上級曹長のその後の消息については、ぽつりぽつりとしか情報が入ってこなかった。彼が両脚を切断することになっ

この日、第3戦車連隊も相当の——見方によっては壊滅的な——損失を被った。

たらしいと聞いたとき、私たちはいっそうの懸念を募らせた。そして、あの報せを受け取って、私たちは本当に芯から参ってしまった。我らがアルガイアーが、傷癒えることなく、病院で息を引き取ったというのだ！

ひとりの勇敢な戦車兵が、こうして中隊を去った！　あるとき彼は、起動輪の隙間に手斧を突き入れて、1両のT - 34を停止させたと伝えられている。彼が“ヌスクナッカー”として師団の内外に知れ渡った所以である。

左ページ2点とも／サモドゥロフカ攻撃に備えて集結した第20戦車師団第21戦車大隊。

最後までサモドゥロフカに粘って抵抗を続けていた各拠点も、1515時にはすべて掃討された。

サモドゥロフカ攻撃中の第112機甲擲弾兵連隊。

制圧した村に機甲擲弾兵と戦車が集結する。戦車師団の戦闘部隊というものを端的に捉えた、すばらしい写真である。

左ページ／第21戦車大隊のIV号戦車 "223"。村では態勢の立て直しが図られているところ。

上／村のはずれには、ただちに戦闘前哨が設けられた。左端に見えるのは、破壊されたステュードベイカー製トラック。

負傷している捕虜には、後方移送の前に応急手当が施された。

種々の車両のあいだを縫うように進んできたオートバイ伝令兵が、IV号戦車“112”の横を通過しようとしている。彼は新たな攻撃命令を届けに来たのだろう。

チョープロエの激戦

1943年7月、ある匿名の衛生兵の報告より

しばらくの間、日光浴の楽しみはお預けだった。モーデル(上級大将)の命令により、百戦錬磨の名将ディートリヒ・フォン・ザウケン中将率いる第4戦車師団は、チョープロエ村の攻防戦に送り込まれた。

強力なティーガーやIV号戦車、それに突撃砲が、牧歌的風景を炎と煙で包み込んだ。

第33機甲擲弾兵連隊は、チョープロエまで戦いながら道を開き、同村からイーヴァーンを追い出した。イーヴァーンはその向こうの丘陵地帯へと後退していった。すでに連隊は優に100名以上を失っていた。だが、師団長は、ロシア軍に態勢立て直しのいかなる猶予を与えることも許さなかった。

戦車連隊［第35戦車連隊］は同村の周縁に待機していた。その上空をシュトゥーカが、ロシア軍の主要戦闘陣地帯に向かって、唸り声を上げて通過していった。急降下して投弾！　おそろしく神経にこたえることだろう！　彼方の丘陵の斜面には、イーヴァーンが巧妙に偽装した強化陣地に巣くっていた。そこではT-34が文字どおり地面に埋められていた。

丘陵地帯への突撃が始まった。ロシア兵はこれを限りと防御砲火を浴びせる！　100mほど進んだかと思うと、すでに師団の機甲擲弾兵部隊は、その場に釘付けにされた。イーヴァーンの強烈な火力集注に遭って、これを通り抜けられた者はいない。誰一人として！

ただ戦車部隊のみが、この炎の壁に突入した！

その彼らを、ソ連軍砲兵は500m以内、もっと言えば400mにまで故意に近づけた。そこまで距離が詰まれば、いかにティ

伝令兵というのも、きつい仕事である。少しでも休憩のチャンスがあれば、十二分に活用しなければならない。

第21戦車大隊のⅣ号戦車"102"は弾薬補給中。

ーガーといえどもロシアの重対戦車砲で木っ端みじんにされてしまう。

戦闘に参加したすべての部隊の随伴医療班の車両は、血のぬかるみをかき分けるように進み、負傷した戦友をその場で手当てした。

戦場では、悪魔が地獄の軍勢を引き連れて、自ら主人役を演じていた！

だが、そのうちにⅣ号戦車3両が敵砲兵中隊の第一線陣地を蹂躙し、擲弾兵部隊がそれに続いた。

目指す高地はいったん確保されたが、直後のロシア軍の反撃により、奪い返されてしまった。チョープロエを巡る戦いは、こうして数日におよんだ！

第33機甲擲弾兵連隊の生き残り組はディーゼナー大尉の指揮下、再び突撃を敢行した。ひとつの丘陵地帯を巡って、一進一退の攻防戦が繰り返された。

戦場には死者が群れをなして横たわり、そこかしこで負傷者の「衛生兵！」という哀れな叫びが響いていた。

我々の戦車部隊は数々の問題を抱えていた。ロシア軍は、その途方もない数の兵員と資材をもって、前線のいたるところでドイツ軍戦車部隊の攻撃を受け流していた。

医療要員のあいだでも、熟練の、腕のいい衛生兵や担架兵が次々と生命を落とした。死なないまでも病院へ送られるのが確実な程度に重傷を負う（ある意味では幸運な）者もいた。

どこでも"専門家"と呼ばれる人材が不足しつつあった。我らが"戦車博士《パンツァードクトル》"は、フォン・コッセル少佐が戦死したのを受け、最も危機的状況のなかで大隊長に復帰した。

第33機甲擲弾兵連隊第Ⅰ大隊では、大隊軍医を含めた医療要員のほとんどが犠牲になった。私が師団への報告のため師団軍医のフォン・キットヒェンのもとに出頭したのは、まさにこうしたときだった。私は招かれざる客どころか、まるで大事な招待客のように歓迎された。と言うのは、衛生兵もおそろしく人手不足だったからだ。私はその穴埋めに必要とされたのだった。

第20戦車師団第92機甲砲兵連隊の砲兵観測戦車。この部隊も部分的に投入されていた。

次の作戦のため、数個の小隊が呼び集められている。

右ページ／第21戦車大隊の装甲弾薬運搬車が弾薬を届けに走る。［損傷した戦車の砲塔を撤去して部隊の整備員が現地改造した車両。砲塔リング部の大穴には手榴弾避けの金網カバーが設けられている］

私はただちに第33機甲擲弾兵連隊第Ⅰ大隊へ行くようにと命令された。というわけで、戦車部隊の衛生小隊の我が戦友たちのもとへもどるのは、しばらくあきらめねばならなかった。私は前線へ向かう整備小隊の砲牽引車に揺られて、自分の運命に身を委ねた。同連隊の作戦地域に入ったとたん、我々一行は“歓迎の挨拶”を受けた。周囲に砲弾が着弾し、破片の雨がヒューヒューと音たてて牽引車にも降り注いだ。幸いにも、直撃だけは免れた！

降車地点に着いて、私は牽引車から降りた！　階段を下りて地下室へ！　そこは負傷し、うめき声をあげる擲弾兵でいっぱいだった。そのなかに、シュルツ伍長とクライ本部付上等兵がいた。ともに骨の髄までザクセン人で、ひとりは軍医の乗る本部車両の、ひとりは傷病兵搬送車の運転兵だった。ふたりとも重傷者に包帯を巻いてやっていた。私たちは1台だけ使える医療班の車両で、負傷者の後送に取りかかった。これは特記しておくべきだと思うが、クライは——豪胆にも——突破してきた敵戦車の群れを追い抜いて車を走らせた。

うまくいけば、切り抜けられるはずだ！

そして私たちはこの場を切り抜けた！

※※※

そのあいだに、イーヴァーンはみごとに我が擲弾兵の戦線を崩壊させていた。擲弾兵たちはまったくの混乱に陥っていた。我々は脱出の手段を考えねばならなかった。自分たちの車両はもちろん、その他ありったけの車両に残りの負傷者を詰め込んで、我々は脱出を試みた。これはつまり、ところどころで敵兵を押しのけて進まなければならないということだった。イーヴァーンが私たちに気づけば、そいつは容赦なく「お見舞い品」を進呈してくれるのだった！

私が野戦救急車のステップに立っていると、対戦車砲弾が唸りをあげながら私たちの横をかすめて過ぎ、ロシア軍が使用していた炸裂弾の甲高い音が聞こえた。そこらじゅうに破片が降り注いだ！　私にもその一片が刺さった。たちまち大腿部に血が流れ落ちた。だが、自分の怪我に包帯を巻いているひまはなかった。シベリアまで徒歩行軍という事態に追い込まれたくなければ——。

作戦地域：チョープロエ～トロースナ～ベールゴロド

第35戦車連隊第4中隊所属、フランツ・ヴェーバー伍長（1963年ニュルンベルクにて没）の日記より

1943年7月8日

チョープロエの集結地区に向けて出発。

ベールゴロドの戦車戦！

0600時、協同攻撃：左翼に第29歩兵師団、中央は第4戦車師団、右翼に第9戦車師団。

砲兵とシュトゥーカ部隊による強力な支援を得て、正面にカーブを描きながら伸びている長さ10㎞ほどの尾根道に向かって進撃。まずは幅2㎞ほどの、まったくの平坦地を突っ切らなければならなかった。ロシア軍は準備万端整えて、待ちかまえていた。第35戦車連隊第4中隊は、楔の先頭を担う任務を帯びていた。中隊長はベックル少尉だ。何やら不安な気持ちが忍び寄ってきた。だが、ほどなくそこを横切ってしまうと、うれしくなった。

僕たちは対戦車砲2門と、迫撃砲1門を破壊した。

0800時、攻撃のあいまに小休止。0815時、態勢を立て直してから、攻撃再開。より大胆に。

僕たちは対戦車砲から3発食らった！　最初の1発は砲塔リング、2発目は左側面のシュルツェンに命中。3発目で左の履帯が引きちぎられた。自分たちだけがぽつんと取り残された格好になったので、僕たちはやむなく降車した。すぐに拳銃と手榴弾を持って車体の下に這い込み、周囲の状況を確認。無線連絡の後、僕たちは戦車を爆破することに決めた。だが、第20戦車師団の戦闘車両が僕たちの戦車を砲兵陣地まで牽引してくれた。

その後、僕が砲塔内部を整理していたとき、まさに砲塔をイーヴァーンの17.2㎝砲弾に直撃された。幸いにも、頭と腕の計2ヶ所に破片を受けただけで済んだ。頭に刺さった破片はポ

左ページ／フンメル自走砲部隊も、制圧されたばかりのソ連軍防御陣地帯に布陣した。このようにネットワーク化された陣地帯からであれば、効果的な火力支援が提供できるだろう。

1605時、この日2度目の攻撃が219高地の500m西からスタート。

ケットナイフで取り除いた。腕の方のは取れなかった。だが、わざわざ無線連絡して医療班の戦友を煩わすことはしなかった。夜中0100時に、回収小隊が僕たちを整備班まで連れて行ってくれた。そこに着いてから、僕はあらためて治療後送所を探した。注射を2本打たれた。腕が痛んで、赤く腫れ上がっていたからだ。

本日の戦死者は以下のとおり。バウムガルトナー本部付曹長、ツィマーマン軍曹、クレス伍長、カッツァー上等兵。

負傷者は6名。ヘンデル曹長、パルム曹長、グリュック少尉、シュヴェーグラー伍長、シュー伍長、バルテルス伍長。

※※※

1943年7月9日

車両は補修中。

1943年7月10日

この戦区で実施された攻撃は、目に見えるほどの進展なし。

1943年7月12日

朝、ロシアの歩兵部隊が来襲。まんまと奇襲されたに等しい。だが、僕たちは良い場所に陣地を構えていた。隘路の奥から砲身が少し突き出ているだけだ。

来襲したロシア兵は約500名だった。うち300名が死体になって居残った。僕たちは遮蔽任務で1週間近くここを動けなかった。この田舎の風景のどこを見まわしても、目の前に転がっているたくさんの死体が放つ凄まじい悪臭のなかで。今回の攻撃で、ベックル少尉、アルト軍曹、ホーホヴィルツ上等兵が重傷を負った。中隊付衛生兵が、献身的な態度で応急手当てを施した。

トーニ・ミュラー少尉が中隊を引き継いだ。

同日、午後

12歩兵［Schützen 12、第12機甲擲弾兵連隊］の抽出部隊に掩護射撃を提供し、ロシア兵34名を爆弾孔から引きずり出した。いつかの夜襲のあと、ずっとそこに潜んでいたらしい。

夜になって、陣地を引き揚げた。小規模な孤立抵抗地帯《ポケット》が形成されつつあり、状況は危機的になりかけている。

開始当初は、第21戦車大隊の支援もあって、すべて順調に運んだのだが……

戦車部隊が引き揚げてしまうと、攻撃は完全に停滞した。機甲擲弾兵部隊は、遮蔽物を探して、待避しなければならなかった。[50発の弾薬ベルトを収めるドラム型弾倉がMG42に装着されている]

戦車部隊が戻ってきたのを受けて、機甲擲弾兵部隊は再び攻撃態勢に入った。

第21戦車大隊が再び総動員される。［砲塔後部シュルツェンの被弾痕を塞いだものと思われる補修跡に注目。全損にならない限り、被弾しても戦車は絶えずリサイクルされて使い続けられた］

戦車部隊の支援を得て、第112機甲擲弾兵連隊は目標地点に到達した。

第92機甲砲兵連隊の隷下部隊もここに投入されていた。

機甲擲弾兵たちの顔は、それぞれ1日の激戦の名残をとどめている。

夜間、第21戦車大隊は全周防御陣を敷いた。この日、彼らは地雷によって数両の損失を出している。

24口径長7.5cm砲搭載のIII号戦車N型。この“短75”から発射される成形炸薬弾は、きわめて有効な徹甲弾だった。第21戦車大隊の所属車両と思われる。

1943年7月9日

天候：晴れ、穏やかな良い天気。

夜間、第4戦車師団は代替ルートに沿ってサモドゥロフカまで後退する。結果、予定されていたチョープロエの掃討は中止された。

0615時、第52機甲擲弾兵連隊と第292歩兵師団が出撃。だが、第18戦車大隊の到着が遅れたため、進撃は困難なものになった。師団長が姿を見せ、自ら陣頭指揮にあたって以降、1045時、攻撃は再び動き出した。第9戦車師団の支援のもと、彼らは248.8地点～ポヌィリ南縁およびカルプニェーフカの教会～248.6高地を結ぶ線まで進出する予定だった。

第292歩兵師団右翼の攻撃は、フェアディナントの掩護にもかかわらず、500mほど進んだところで行き詰まる。

第101機甲擲弾兵連隊は、ルジャヴェーツ南西にあたる“樺の森”の周辺地域に移動。1400時、第18戦車師団は同連隊に対し、麻縄製造工場の南に塹壕を掘り、予想されるソ連軍の反撃に備えよとの命令を出す。その後、同連隊第II大隊はその場から引き揚げられ、別の場所で第18機甲偵察大隊と交代することになった。後者は翌日ポヌィリ攻撃を実施する予定だったからだ。ところが、夕刻になって、攻撃中止が決定された。

第78突撃師団の戦区では、第177突撃砲大隊第2中隊の1個小隊が、同大隊第3中隊の支援に配されていた。彼らとフェアディナント部隊による攻撃は、先頭に立った部隊が、ポヌィリからマロアルハンゲリスク（フョードロフカの西方）へ至る街道の十字路付近で、森のなかからの激しい砲兵射撃にさらされたことから、いったん中止せざるを得なかった。

第292歩兵師団ならびに第654重戦車駆逐大隊の陣地は空襲を受け、黄燐弾を投下された。

※※※

この日の朝、第292歩兵師団と第52機甲擲弾兵連隊によるポヌィリ攻撃が再開された。だが、またしても第18戦車大隊の姿はなかった。[砲をその場で台車から降ろし、ほぼ水平の射撃を行なう8.8㎝ FlaK]

第33戦車連隊の状況は、0030時前後、修復された。0330時、シュマル戦闘団および第33戦車連隊抽出部隊の攻撃は“箱の森”の正面200mのあたりで行き詰まった。ソ連軍は、重武装の、非常に堅固な側面前哨を設置していた。ただし、その後、1両のT-34による攻撃は撃退されている。

0350時、第33戦車連隊は、可動戦車数を20両と報告。その報告と時を同じくして“箱の森”をシュトゥーカが攻撃中だった。

第11機甲擲弾兵連隊は、その左翼で第18戦車師団との連絡を樹立したが、シュルツ戦闘団とは連接できなかった。

0520時、第10機甲擲弾兵連隊は、シュトゥーカの支援を緊急要請。(その結果)同連隊は陣地を維持し、第6歩兵師団とも連絡を樹立することができた。1130時、捕虜の供述から、ソ連軍が“箱の森”の左右両側に数個大隊を送り込み、ドイツ軍戦車部隊を待ち受けていることが判明した。それによれば、第10機甲擲弾兵連隊の正面には、100両の戦車が配されているとのことだった。

1745時、第33戦車連隊は、Ⅳ号戦車（長砲身）39両とⅢ号戦車（長砲身）18両が作戦可能と報告した。これは同連隊の本来の戦車戦力にほぼ等しい数字である。

※※※

第2戦車師団第3戦車連隊は、休養のためポドソボーロフカに引き揚げられた。同師団の残りの部隊は、戦闘を継続。当初、同師団は確実に前進したが、指揮統制の不手際から、間もなく混乱状態に陥った。各部隊が入り乱れ、ソ連軍がそのさなかに来襲したとき、状況はいっそう危機的なものになった。さらなる死傷者が無駄に発生し、同師団の攻撃は失敗に終わったと判断せざるを得なかった。そのため、第3戦車連隊の隷下部隊が再び戦闘に投入され、ルフトヴァッフェの支援も相俟って、ソ連軍第79戦車旅団に多大な人的損害を与えることができた。

※※※

第21戦車大隊は、朝のうちに急拵えながら防御陣地を構築。1030時、第20戦車師団は再び第XXXXVII戦車軍団に配される。サモドゥロフカは、数回に渡ってロケット弾斉射による砲撃を

フェアディナントの支援が得られたにもかかわらず、攻撃はわずか500mほど進んだところで行き詰まった。

受けた。だが、それを除けば、この戦区は終日平穏だった。夕刻、第59ならびに第112機甲擲弾兵連隊は、敵情把握のため、いくつかの偵察班を出した。

※※※

第35戦車連隊は、本来の所属師団に復帰後、サモドゥロフカ～チョープロエ村の学校～240高地～234.5高地を結ぶ線の防衛任務を付与された。また、午後のあいだにチョープロエを再び確保し、それに続いて260高地の獲得に着手することとされた。彼らは、第505重戦車大隊と第312戦車中隊（無線誘導）を、臨時配属部隊として受領した。だが、隣接師団の準備が遅れたことから、攻撃は7月10日に延期される。7月5日以来、第4戦車師団はⅣ号戦車（長砲身）6両の全損を記録している。同様に、第904突撃砲大隊は、突撃砲1両全損と報告している。

※※※

第102歩兵師団の戦区では、目立った動きはなかった。6～10名編成の小規模な偵察部隊がいくつか送り出された程度である。

※※※

第29戦車連隊第Ⅱ大隊の計画攻撃は、7月10日に延期された。

※※※

ソ連軍は、クルスク北部戦区全域で、ますます頻繁に反撃を実施するようになってきていたが、この日はドイツ軍を押し戻すことには必ずしも成功していなかった。また、その過程で多数の死傷者を出しており、数字のうえでは、守勢に立たされたドイツ軍の死傷者数をはるかに上回る厳しい被害に直面していた。対するにドイツ軍は、ソ連軍よりはるかに少ない兵員・資材をもって、その姿勢という点では負けず劣らずの粘り強さを立証しつつ、防御戦闘を展開した。この時点で、戦線は事実上の膠着状態に陥っていた。この会戦の最終的な勝敗の行方は、第9軍の作戦地域ではない、どこか他の場所で決まることになっていた。

第9戦車師団第33戦車連隊の諸部隊も参加していた。

だが、前進の試みはことごとく失敗に終わる。第18戦車師団は、麻縄製造工場の付近で塹壕戦の態勢に入った。

左ページ上／ソ連軍は戦車の大群をもって反撃に出た。

左ページ下／草をかぶせてカモフラージュ。第18戦車大隊のIV号戦車。

ソ連軍はただちに反撃に次ぐ反撃を展開し、それによって優位に立った。ドイツ軍は辛うじて踏みとどまるという状態だった。[写真は歩兵大隊レベルの標準的中型迫撃砲、口径8㎝のGrW34射撃チーム。砲班長の号令を待って砲弾を落とし込むだけの、いわゆる“半装塡”の状態。大きな射角を取って自陣の近くを射撃しようとしている]

第78突撃師団の進撃も頓挫した。[写真が第78突撃師団の車両とすれば、第189突撃砲旅団のIII号突撃砲G型ということになる]

突撃砲部隊、速やかに反撃す

従軍記者ゲーアハルト・ピプケ

疲れきった大きな獣《けもの》のように、突撃砲は次々にのっそりと遮蔽陣地に這い込んだ。そして、最後にエンジンの絞られる音がその獣の欠伸《あくび》のごとく響いたかと思うと、周囲は静けさに包まれた。乗員が降りてきた。

「誰も砲から離れるな。中隊は非常待機中だ！」

全員が眠りについていた。どの顔にも泥がこびりつき、無精ひげが影を落としていた。中隊長代理は、吸差しの煙草を手にしている。見ればヴァイオリンの弓か、絵筆でも弄ぶのを習慣にしていたかと思われるような手だ。だが、ここ数ヶ月で、その手も容赦なく戦うことを覚えたようだ。

彼の指揮下の突撃砲6門（両）は、依然として作戦可能状態を維持していた。この日、第177突撃砲大隊第1ならびに第2中隊は、攻撃作戦に参加する予定だった。ソ連兵は耳を聾するほどのフォルティッシモで奏でられる砲撃音を聞く羽目になるはずだ……。

唐突に、1台のオートバイが走ってくるその音が、夢と眠りの狭間に浮かんでは消える各人さまざまの思案を打ち砕いた。目をこする突撃砲兵の誰もが、警報が届いたことを知っていた。

数分後、突撃砲は土埃を巻き上げながら〈ポヌィリ〉方面へと動き出した。だが、圧倒的多数の敵に、長時間に渡って抗しきれるのだろうか。相手は戦車や歩兵、騎兵の大群を用意し、ドイツ軍戦線を突破しようとたくらんでいる。

もうもうたる土埃をかき分けるように、地面をしっかりと噛みながら進む突撃砲縦隊を狙って、上空からソ連機が襲いかかってきた。総勢20機が代わる代わる接近しては縦隊めがけて投弾し、機銃掃射し、その波状攻撃は休みなく続いた。折しも縦隊は逃げも隠れも出来ない峡谷の1本道を通過中だったのだ。

敵機の群は、たっぷり2時間に渡って、彼らの積み荷のありったけを縦隊に投げつけて去った。中隊長搭乗砲の砲班長（車長）用ハッチが貫通され、中隊長代理は軽傷を負った。だが、襲撃者たちには、この中途半端な成功で満足してもらうしかなかった。

ケップラー少佐が自分の頸部に食い込んだ何個かの小さな砲弾片を、砲手にポケットナイフで“摘出”させているあいだ、四散していた擲弾兵（歩兵）が姿を見せはじめた。少佐は砲から飛び降り、彼らを中隊の周囲に集めた。さらに、中隊の後に従う者全員を呼び集めて、瞬く間に強力な部隊を編成してしまった。そして彼は、状況確認のため、自身の突撃砲でポヌィリに向かった。

やがて、無線を通じて、残りの砲と擲弾兵部隊に前進してくるよう呼びかける彼の声が届いた。敵はすでにポヌィリ村に侵入していたが、これを奇襲によって追い出してしまおうというのだった。連中が本格的に居座る前に、手を打たねばならなかった。

だが、事態は予想外の方向へ進むものと相場が決まっている。彼らが集まったとき、さらに南寄りでソ連軍が戦車25両をもって突入してきたという報せが入った。擲弾兵は降車した。砲は一斉に全速力で引き返し、左に方向転換して、敵の側面を叩こうと図った。夕闇迫る頃、ついに彼らは敵に遭遇した。短くも激しい射撃戦のなかで、ケップラー少佐は、T-34とKV-1、それぞれ3両と1両を排除した。他の突撃砲も、あわせて3両のT-34を撃破した。燃え上がるその残骸を見て、残りの戦車はくるりと向きを変え、夜の闇に消えていった。

突撃砲部隊は、暗い道をゆっくりとポヌィリ村に引き返した。

夜間には、もう大規模な作戦行動を実施しようもなかったので、ケップラー少佐は擲弾兵の偵察隊〈シュトーストゥルップス／突撃隊〉を前方の偵察に送り出すとともに、残りの兵力と突撃砲とで全周防御陣を構えた。

だが、これと時を同じくして——彼らには見えなかったが——敵はポヌィリ村を通過する形で、その両側面に新たな増強部隊を進出させていたのだ。

偵察隊は、闇のなかを手探りで進む先々で、敵の大部隊に遭遇した。多数の装軌車両と兵のたてる騒音が、誰の耳にも届いた。ソ連軍戦車軍団の主力たる2個騎兵旅団と1個狙撃師団に囲まれて、防御陣地の我が擲弾兵は、為す術を失ったかに見えた。

撃破されたIV号戦車。おそらく第18戦車大隊の所属車両だろう。

歩兵を跨乗させた戦車の大部隊が、続々と押し寄せる。

第244突撃砲大隊では、作戦期間中、4両が全損に追い込まれた。突撃砲大隊のなかでは最多の損失数である。

右ページ／勢いに乗ったソ連軍を食い止めるのは至難のわざだった。これはマーダーII。

ふと周囲を見渡せば、全方位でソ連軍が圧力を増してきたのが感じられ、状況は分刻みで深刻化しつつあるという事実は、誰が見ても明らかだった。狭まる一方の我が方の防御陣地に向かって、対戦車砲弾が撃ち込まれ、機関銃や短機関銃が火を噴き、百姓小屋が次々と炎に包まれて、さらなる射撃を誘う格好の照明になった。このまま包囲の輪をじわじわと狭められて死にたくなければ、脱出するしかない。どんな方法を使っても。今すぐに。

この期に及んで、なりふり構ってはいられない。擲弾兵を跨乗させ、突撃砲は包囲環に向かって火力を総動員しながら、その巨体を活かして一斉に突進した。そして、包囲環を突破し、ソ連軍の火砲も兵ももろともに履帯の下に轢き潰して、闇のなかに逃れ出た。彼らは密集隊形で、道を切りひらきながら、西を目指した。巨大な嵐がもたらす稲妻のように、彼らは敵意に満ちた夜を駆け抜けた。

擲弾兵は、自分たちを安全圏へと運んでくれる突撃砲の鋼鉄の車体にしがみつき、揺られながら震えていた。ある兵は、腕をもうひとりの兵の腕に絡めている。そうやって、負傷した戦友が滑り落ちないよう支えてやっているのだ。彼は決して戦友を見捨てようとしない。相手の四肢は、すでに死人のそれのように、疾走する突撃砲の荒っぽい上下動にあわせて、ぶらぶらと力なく揺れているというのに。

「ドイツの戦車だ！」彼らは叫んだ。友軍戦線も近いと考え、エンジンの音に負けじと、大声で。「友軍だ、撃つな！」

1両の突撃砲は、いきりたった追撃者の群の犠牲になった。乗員は激しく抵抗した。手榴弾を投げ、それが尽きると素手で戦った。そうしてようやく彼らは戦友と合流できた。ひとりの突撃砲兵の死と引き替えに、路上には50人のボルシェヴィキの死体が転がった。これは、翌日になって我が軍が緊急反撃を実施したのち、擲弾兵が死体を数えて確認した数字だ。

5両の突撃砲は友軍の戦闘前哨にたどり着き、彼らの臨時配属先である連隊と連絡した。擲弾兵は降車し、負傷者は治療にまわされた。だが、突撃砲部隊にとって、これは給油と給弾の

彼らの写真がすべて演出されたものとは限らない。たとえ、その構図がいかにも非現実的で、“やらせ”のように見えたとしても。

ときだった。彼らは再び出撃しなければならないのだ。もしもソ連軍が戦線のほころびを利用して、そこから続々とドイツ軍の主戦場になだれ込んでくるとすれば、流動的状態にある友軍の作戦行動は、著しく脅かされるだろう。そこで、速やかに前進した歩兵部隊が阻止陣地を構え、彼らへの増強が約束されていたのだった。

※※※

とは言え、さしあたってケップラー少佐の5両の突撃砲は、ポヌィリの中心街道を目指して迫る敵の大部隊を食い止めねばならなかった。夜明けと同時に35両の戦車で街道を半ばまで進んできたとき、敵は自信満々だったに違いない。その先頭車両が50mまで近づいたところで、それは突撃砲の直撃弾を受けて吹き飛んだ。砲塔が、装甲板が、そして車体や履帯がちぎれて、くるくると宙を舞う。

後に続く戦車群は急停止した。先頭車両の運命を目の当たりにして、衝撃を受けたのだろう。事実、彼らは射撃訓練場の的も同然だった。ある意味では、突撃砲兵が思い描く夢の一幕だ。いちばん遠くの的でも150mしか離れていない。本隊に火力集注。10分と経たないうちに、12両のT-34が炎上していた。まだ動ける車両は、あらん限りの素早さで、その場から逃げ去った。

間もなくソ連軍がさらに大規模な戦車部隊を楔形隊形に組んで、別の地点へ進撃しようと企てたときも、ドイツ軍突撃砲部隊の方が、より機敏だった。峡谷に張り出した山脚部に布陣した突撃砲は、その地の利を活かして、来襲者をまたもや撃退した。夜明けから0700時までにソ連軍は早くも39両の戦車を失った。ひたすら無分別に前進を命じられたらしい騎兵部隊と歩兵部隊は、あらかじめ死への運命を定められたようなものだった。

ソ連軍戦車軍団が、その戦力に物言わせて、ドイツ軍の数両の突撃砲に決定的な打撃を与えようと準備しているあいだに、残っていた2個の突撃砲中隊が到着した。もっとも、大隊の戦力は12両を越えたことがなかった。遮蔽物として利用できるものは何でも利用しながら、ケップラー少佐はこの不公平な戦

否定説も多いのだが、ソ連軍にも従軍記者は存在した。

いに臨んだ。

彼は数両の突撃砲をもって敵の接近行軍を妨げ、その次なる動きを予想し、包囲の危機が訪れるたびに脱出を果たし、奇襲的作戦行動によって敵にますます多くの人的損失を強いた。

戦闘は数時間に渡って続いた。弾薬が尽きかけ、数両の突撃砲が被弾した。

発煙弾で煙幕を張りながら、それに紛れて弾薬補給が実施される。動けなくなった砲を、戦友たちが射線の外へと牽引してやる。死傷者も出た。その一方、突撃砲の正面では、次々と敵戦車が撃破されてゆくのだった。

第177突撃砲大隊第2中隊のツィッツェン中尉は、単独で30分間に12両の戦車を撃破した。

一帯は炎と煙に包まれ、もはや突撃砲の姿も容易には見分けられない。だが、彼らはよく踏みとどまった。くすぶり続ける敵戦車の残骸に囲まれながら。その残骸の上を、神経にこたえるような爆発音とともに、鋼鉄の塊が飛んでいく。こんなときこそわかるのだ。ドイツ産の鋼鉄は、常に高品質を保っていることが。

周囲は黒く焼けこげた戦車、熾火《おきび》のように白熱している戦車、くすぶる戦車でいっぱいだった。

ケップラー少佐はハッチから顔を出し、周囲を見渡した。今更ながらに圧倒的な戦場の風景だ。黒く煤けた彼の童顔に、微笑が浮かんだ。こいつは絵になるな！　故郷ハノーファーから、画家たる彼に宛てて届いた友人の手紙のことを思い出したのだった。だが、彼はすぐにまじめな顔にもどり、この3日間の戦闘における大隊の戦果を頭のなかで集計しはじめた。5両のKV-1や、122㎜砲搭載の新型突撃砲3両、アメリカ製の戦車も含めて、その数101両にのぼった。

ひとつのソ連軍戦車軍団の主力が、こうして粉砕されたのである。

第33戦車連隊は、夜のうちに状況を安定させることができた。彼らに迫っていた危険も、朝には遠ざかっていた。[42口径長5cm戦車砲搭載のIII号指揮戦車は、それまでの指揮戦車の代替として、戦車連隊や突撃砲大隊、機甲通信大隊などの本部で使われた]

第33戦車連隊第3中隊のIV号戦車。この連隊が、そもそもはオーストリア人で構成されていたことを示す“プリンツ・オイゲーン”の部隊章に注目[訳注/プリンツ・オイゲーンすなわちサヴォイア家のオイゲン公は、1697年、対オスマン・トルコ戦争で神聖ローマ皇帝側を大勝利に導いたほか、1716年にもオーストリア軍を率いて、オスマン帝國軍を撃退するなど、すぐれた軍人・戦術家として名を残す人物]。

早朝、シュトゥーカ部隊の支援を得て……

第10機甲擲弾兵連隊（第9戦車師団）は、第6歩兵師団と再び連絡を樹立できた。写真は出撃準備中の装甲兵員輸送車縦隊。サイドカー付きオートバイに乗っているのは中隊先任下士官、通称シュピースである。両方の袖口付近に“ピストンリング”と呼ばれる袖章をつけているので、すぐそれと分かる。

師団砲兵のフンメル自走砲部隊も、前線で直接射撃任務に投入される機会がいちだんと増えた。

第2戦車師団戦区の状況も、あまり楽観できるものではなかった。同師団は戦車の支援を欠いたまま攻撃に出たが、当初はいくらか前進できた。

ところが、やはり戦車の支援なしでは、攻撃も長続きしなかった。

彼らの混乱に乗じて、ソ連軍が師団戦区にT-34をもって侵入する

快速を誇るT - 70軽戦車も現れた。

第3戦車連隊の戦車に加えて、対戦車砲も投入し……［5㎝対戦車砲PaK38。二重式の防盾の間に挿し込んであるのはワイヤカッターのようだ］

この一連の戦闘で、ソ連軍第79戦車旅団は甚大な損害を被った。撃破されたT-34がすべて回収あるいは補修できたわけではない。写真の車両は溝や泥濘地からの脱出用の木材を積んでいるほか、補助装甲らしきものまで装備している。非常に珍しい例だ。

状況は今一度、修復された。［撃破されているのは本書でたびたび登場するKV-1S重戦車］

左ページ／戦車駆逐部隊の出番は増える一方だった。[旧式化したII号戦車の車体に7.5cm対戦車砲PaK40を搭載したマーダーIIが砲腔内の清掃を行なっているシーン]

第505重戦車大隊は、第XXXXVI戦車軍団の予備に指定され、この日は投入されていない。

この一時的な戦闘離脱は、写真のティーガーのような損傷車両を補修し、作戦可能状態に戻すための格好の機会だった。右端に写っているのは弾薬運搬車（III号戦車M型に特有のマフラー先端が見えている）。

もちろん、乗員たちもこの機会を利用して、しばしの休養を取る。

航空活動は依然として活発だ。シュトゥーカ部隊は出撃を繰り返している。

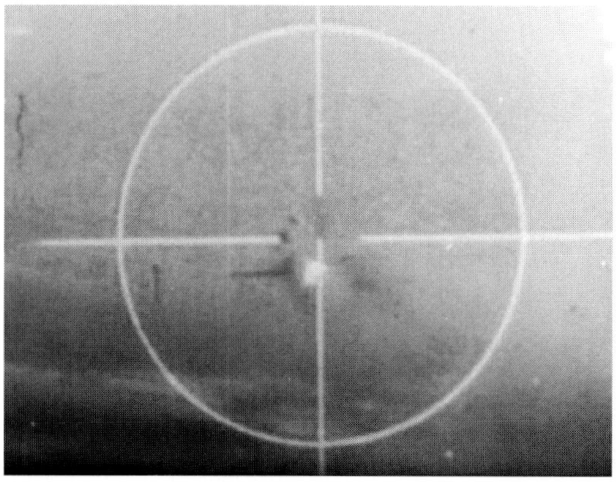

目標捕捉。ヤコブレフ戦闘機が、ルフトヴァッフェの戦闘機に撃墜される瞬間。

この日、第20戦車師団の戦区は比較的平穏で、各陣地は苦労なく維持された。携帯用無線機 Tornister Funkgerät b1/f の有効距離は9㎞。

忙しかったのは師団のスナイパー班だろう。

第12戦車師団第29戦車連隊第II大隊の計画攻撃は、翌日に延期された。写真はIII号戦車、砲塔番号は下ふたケタが“32”としか読みとれない。

日々の遅延が重なり、この大隊は『ツィタデレ』作戦開始から5日を経て、未だ戦闘に投入されていない。[写真のIV号戦車G型は第5戦車師団第31戦車連隊の所属]

ソ連軍砲兵隊の活動はますます盛んで、ドイツ軍の作戦行動はかなり支障を来すようになった。[122㎜榴弾砲M1938が砲弾を装塡しようとしている。隔螺式の尾栓ながら、装薬(発射薬)は薬莢を使って装塡するのがわかる]

ソ連空軍の航空活動も活発化し、ドイツ軍の対空砲部隊は常時警戒態勢を強いられつつあった。[写真は1トン牽引車の車体に2㎝対空機関砲FlaK30を搭載したSd.Kfz.10/4、通称デマーグD7]

以下次ページを含む4枚とも／この日のソ連軍の試みは――そこそこの規模と穏当な手法、あるいは拡大一方の規模と数頼みの手法、強引な手法のいずれによっても――成功しなかった。

対するドイツ軍は、たとえば写真のマーダーIIIのような、手持ちの機材を駆使して、各陣地をどうにか維持した。

右ページ／夕刻、第59および第112機甲擲弾兵連隊から、いくつかの偵察班が敵情把握に送り出された。［左胸の徽章の大きいほうは歩兵突撃章、小さいほうは戦傷章。黒章が負傷1〜2回、銀章が3〜4回、金章が5回以上で授与されるので、少なくとも3回は負傷している歴戦の兵である］

だが、ソ連軍は無尽蔵の戦車戦力を蓄えているようだった。

第3戦車連隊と第74機甲砲兵連隊は、ポゴリェロフスキー北西の234高地へ進撃する機甲擲弾兵連隊を支援した。

1943年7月10日

天候：暖かな晴れ。午後は荒れ模様で、にわか雨あり。夕方には回復。

この時点で、第18戦車師団が目標に到達できそうもないのは明らかだった。隷下の全部隊は、防御作戦に移行しつつあった。不要と判断された車両は後方へ送られた。

第18戦車大隊——同第2中隊を含めて——は、第292歩兵師団に配属された。同師団は戦線から引き揚げられ、アレクサンドロフカ地区にて休養に入り、それと交替で第10機甲擲弾兵師団が配置される予定だった。この日の夕方、第18戦車大隊は半数の戦車が作戦可能と報告（長砲身Ⅳ号戦車13両）。ブリャーンスクからの交換部品の受領は円滑に進まず。この点について、『城塞』作戦開始以来6日を経て初めて援助要請がなされる。一方、第10機甲擲弾兵師団は第292歩兵師団との交替に赴く途上にあるとの報告が入る。

※※※

第177突撃砲大隊が敵の緊急反撃に対処した際、同大隊第2中隊のツィッツェン中尉は至近距離から数分間で12両のT-34を撃破。

※※※

0040時、第11機甲擲弾兵連隊の右翼が威力偵察部隊に襲撃されるも、砲兵射撃によってその封殺に成功。第10機甲擲弾兵連隊戦区でも敵の侵入が認められたが、0215時前後、その一掃に成功した。そもそも、これらの部隊には——右翼は前進するはずだったが——防御戦闘への移行が予定されていた。0630時、ポヌィリ南でソ連軍の装甲列車が確認される。1120時、第33戦車連隊から1個戦車中隊の支援を得ていたにもかかわらず、第10機甲擲弾兵連隊の攻撃は遅延。敵の砲兵射撃は、前日より激しさを増していると報告された。1745時には、師団の前線の縮小が、命令されていたとおりに完了。

※※※

第3戦車連隊は、機甲擲弾兵連隊の進撃を直接射撃によって支援。歩兵部隊は、238.1高地からポゴリェロフスキー北西の234高地に向かって進みつつあった。だが、240高地（ポゴリェロフスキー西縁から南西に1km）の埋設戦車群による強烈な

1600時前後、戦車部隊と1個連隊規模の歩兵部隊による敵襲。

彼らの作戦は悲惨な失敗に終わった。

右ページ／新たに到着したティーガー部隊は、第4戦車師団に配属された。この価値ある増強部隊（第505重戦車大隊第3中隊）を得て、チョープロエ攻撃が開始される。写真はティーガーと第4戦車師団のSd.Kfz.251。ティーガーの砲塔番号は“321”と“322”が確認できる。2台のSd.Kfz.251のうちの1台は、ロケット弾発射枠を搭載したタイプ。おそらくは第79機甲工兵大隊の所属車両だろう。

防御砲火ならびにエンドヴィシュチェ（エンドヴィチュケ？）方面からのロケット弾斉射に遭い、多大な損失を出す。

1600時前後、戦車の支援を受けた連隊規模の部隊による攻撃をもって、敵は攻勢に転じた。大幅に戦力を減らした第70親衛狙撃師団は、この日、第140狙撃師団と交替した。そのうえで、敵はあらゆる可能な手段を講じ、また犠牲をも顧みず、272.9高地および274.5高地の確保に乗り出した。とは言え、ドイツ軍の防御線を破ろうという彼らの企ては、彼ら自身の側に多数の死傷者を出し、いたるところで失敗に終わっている。

夕刻、第3戦車連隊は、機甲擲弾兵部隊の実質的な支援もないまま、地雷原に行きあたった。歩兵部隊の大半は、攻撃発起点に戻っていた。

※※※

第4戦車師団は、0330時、サモドゥロフカ東部地区から南に2㎞の集結地で出撃態勢を整えた。同師団には、第904突撃砲大隊と第505重戦車大隊が配属された。丘陵地帯の敵陣地を狙った砲兵による30分間の攻撃準備射撃の後、0705時、攻撃開始。発煙弾で敵の視界を妨げる措置もとられた。第33機甲擲弾兵連隊は、0830時、チョープロエに達する。敵の抵抗が激化するなか、続いて0920時には、チョープロエ東部地区の南縁にまで到達した。集落の各戸を巡る争奪戦を通じて、敵は学校付近に押し戻され、その間に第35戦車連隊第Ⅰ大隊と第505重戦車大隊のティーガー26両は、計画どおりチョープロエと240高地のあいだに進出した。

※※※

1115時には、第33機甲擲弾兵連隊第Ⅱ大隊によりチョープロエ東部地区の掃討が完了。ただし、その過程で死傷者が続出した。師団長ディートリヒ・フォン・ザウケン中将の指揮戦車は、同村の橋を突破した際、一時的に放棄を迫られる事態となった。師団長を守るのは彼のクルーだけという危機的状況だった。これと時を同じくして、第33機甲擲弾兵連隊第Ⅰ大隊は、チョープロエ西部地区の峡谷内で戦闘中だった。

1300時、シュトゥーカ部隊が高地を攻撃する一方で、砲兵部隊も22両の埋設戦車群を射撃。こうした準備段階を経て、ティーガー部隊が253.5高地を越えて進撃、東から西へ尾根道沿いに、残っていた埋設戦車を排除しつつ進んだ。ソ連軍歩兵

第4戦車師団のIV号戦車も終日投入された。

部隊は、携帯型の対戦車火器で交戦を試みたが、徒労に終わった。他方、第103機甲砲兵連隊の支援を得ていながら、第4戦車師団の機甲擲弾兵部隊はティーガー部隊に後続せず、大事な勝機が失われた。また、この作戦中に遠隔操作式の爆薬運搬車両“ゴーリアト（ゴリアテ)”が投入されたが、これもやはり失敗に終わった。

1500時、モーデル上級大将が、第47工兵大隊に対し、第4戦車師団への配属を命令。チョープロエに橋を建設するため。1700時前後、第49戦車駆逐大隊は、敵戦車部隊の来襲に対抗すべく、第12機甲擲弾兵連隊第II大隊戦区へ投入される。彼らは数両のT-34の撃破に成功、残りの戦車群を撤退せしめた。

※※※

1800時前後、第10機甲擲弾兵連隊第II大隊は新たな攻撃を開始。約100名の兵と、ただ1両の戦車をもって、260高地に進出。だが、頂上付近を掃討中、敵の緊急反撃に遭い、高地を放棄せざるを得なかった。この作戦行動による戦死者20名、負傷者74名、行方不明者13名。

※※※

第59機甲擲弾兵連隊は、0200時前後に、チョープロエ西部地区を攻撃。これを第21戦車大隊の戦車31両が支援。この連隊の戦区では、事態はおおむね順調に推移している。これにあわせ、第4戦車師団からは、0900時、チョープロエ東部地区を制圧したとの報告が入った。1000時、第21戦車大隊はチョープロエの北にあり、243.5高地方面からの砲撃を受ける。第59機甲擲弾兵連隊は、1100時、目標地点に到達したものの、チョープロエ西方にあたるサモドゥロフカ方面からやはり激しい砲撃を受ける。ただし、敵の緊急反撃は、いずれも撃退された。第21戦車大隊は敵戦車1両を撃破。

1700時前後、サモドゥロフカの製粉所からチョープロエの学校を結ぶ線を、第4戦車師団と第20戦車師団との新たな師団

同師団のフンメル自走砲も休んでいる暇がない。

チョープロエ村は確保された。

境界とする命令が出された。1800時、チョープロエ北部地区が確保された。

※※※

第102歩兵師団戦区では、敵の動きに変化なし。

※※※

第12戦車師団第29戦車連隊は、第258歩兵師団の支援に、Ⅲ号戦車（長砲身）1両とⅣ号戦車（長砲身）7両を派遣した。さらに、同連隊の戦車12両が第656重戦車駆逐連隊に配された。また、前者連隊は、以下の車両を短期間（2週間以内）の整備補修にまわした。Ⅲ号戦車（短砲身）14両、Ⅲ号戦車（長砲身）2両、Ⅳ号戦車（長砲身）2両。その他、Ⅳ号戦車（長砲身）1両が長期整備に送られた。連隊の残余は広く分散配置され、その戦力は事実上ほとんど失われた。

第12戦車師団は、第29戦車連隊とともに、ヤースナヤ・ポリャーナ周辺地域へ移動した。

スーリコフ大尉のブレン - ガン・キャリアが行く。イギリスからのレンド - リース車両。

大尉は道に迷ったらしい。[全員がPPSh-41短機関銃を手にしている]

来た道を逆もどり。方向を見失ってしまうのは、ドイツ兵だけではないようだ。

JSU-152のサンコフスキー少佐。これらの重自走砲の対ティーガー戦の成績は、著しく誇張されている。

左ページ上／手前に写っているのは8.8㎝対空砲。道の向こうから、フンメルを載せた低床トレーラーを引いて、FAMO18トン牽引車が苦労しながら進んで来る。

左ページ下／重要度の低い車両は、道を譲るのが基本。それでも、貴重な積み荷を運ぶFAMO牽引車は、この渋滞をすぐには抜けられそうもない。フンメルの砲が撤去されているのに注目。［軽統制型野戦乗用車は上写真のクルップ〈プロッツェ〉トラックに牽引されているようだ］

上／この日、チョープロエとサモドゥロフカを制圧しようという試みは、ことごとく失敗に終わった。第2戦車師団と第4戦車師団の自走砲部隊にも、その結果は如何ともしがたかった。

下／この日の朝、第177突撃砲大隊第2中隊のツィッツェン中尉は、近距離から数分間で12両のT‐34を撃破。僚車も同様に戦果を挙げ、約2時間で17両のT‐34が彼らの手で始末された。

『ツィタデレ』作戦関連の書籍には必ずと言って良いほど登場する、おなじみの写真。だが、このIII号戦車N型の出どころは正しく指摘された試しがない。これは第18戦車師団の所属車両である。

どの車両も、あらゆる可能なアングルから撮影された。大戦果を印象づけようという露骨な狙いのもとに。そして、多くの歴史家が、こうした単純な手口にまんまと引っかかったのだ。

『ツィタデレ』作戦時の第18戦車師団の部隊マークをクローズアップ。ちなみに、同作戦期間中、同師団で発生したIII号戦車の全損件数はわずか2件である。

試しに、第18戦車師団所属の同一車両を撮影した何枚かの写真の、その一部をここに紹介してみた。

0200時前後、第21戦車大隊はチョープロエ西部地区への攻撃に参加。1000時には目標地点に到達する。その過程で、数回に渡る敵の緊急反撃も阻止されている。ところでIV号戦車の後部デッキに2脚の椅子が積まれているのが目を惹くのだが、いくら転戦する先々で快適さを追求したとは言え、こんなものまで持ち回るとは！

広く分散配備されていた第29戦車連隊は、この日の朝、第12戦車師団に戻されることに決定した。これは同連隊第II大隊のIV号戦車“612”。

第29戦車連隊からは、IV号戦車（長砲身）とIII号戦車N型あわせて7両が第292歩兵師団に配されたほか、写真のように、12両が第656重戦車駆逐連隊のフェアディナントとともに戦っている。

第29戦車連隊のIV号戦車“611”。

第656重戦車駆逐連隊の損耗数は、作戦期間中、次第に増加した。写真は、行動不能に陥ったフェアディナントに向かって、すかさず銃弾を浴びせるソ連軍の機関銃手。

別の1両の横を駆け抜ける歩兵。

あくまで前進しようとするソ連兵。

この戦区の戦況は、第一次世界大戦の塹壕戦にも似た様相を帯びてきた。

攻勢に転じて2日目、功労者の顕彰が始まっても、ソ連軍は突破作戦を計画どおりには完遂できていなかった。

どの部隊も前進できず、攻撃は敵に阻止され、ことごとく失敗した。[7.5cm対戦車自走砲マーダーII“フリーデルFriedel”号は本書225ページにも掲載したのと同一車ではないだろうか]

戦線は膠着状態だった。[76.2mm野砲M1939の陣地]

1943年7月11日

天候：おおむね良好なるも、ところにより曇り、時々にわか雨。

第18戦車師団長は、何度かに渡って、師団砲兵と対戦車自走砲部隊の陣地変換を命令。偵察も実施された。いずれも師団の防御態勢の改善を目指しての措置だった。

第292歩兵師団の司令部は、敵が攻撃準備中であるのを懸念しており、ルフトヴァッフェに敵の集結地への爆撃を要請した。これを受けて、ルフトヴァッフェは約150機の戦力で、1830時から20分間に渡り、ソ連軍陣地を攻撃した。

※※※

第9戦車師団戦区では、夜間、ソ連軍装甲列車から数回の砲撃があった。さらに、迫撃砲による急襲と爆撃を受けたことも報告されている。ムマート戦闘団の右翼は拡張され、シュルツ戦闘団との連絡が樹立された。師団は塹壕を掘り、車両を定置する態勢に入った。第33戦車連隊第Ⅰ大隊は軍団予備に指定されたが、うち1個中隊はそのままシュルツ戦闘団に配されることになった。

※※※

第2戦車師団第3戦車連隊については、もはや『城塞』作戦に投入される見通しはなくなった。同連隊は、チョープロエ～カシャーラ地区で作戦行動を終えた。一方、同師団の第38戦車駆逐大隊は、より小規模な攻撃作戦に引き続き参加する。同大隊は、6日間の戦闘で戦死者7名、負傷者23名を出している。

1815時前後、クトィリー（クトィールキー？）の北西地区で敵が大々的に集結中との報告が入った。

多数の人的損害を出した結果、ソ連軍は300-400名の“塹壕兵力”を確保しておくために、やはり部隊の整理統合を強いられた。

この日、第3戦車連隊は戦線から引き揚げられる。同連隊が『ツィタデレ』作戦の一翼を担うのは、これが最後となった。[本書228ページに掲載した写真のモデルで更新された、旧型のIII号指揮戦車H型である]

Ⅳ号戦車の全損14両を報告した第3戦車連隊は、クルスク北部戦区に投入された戦車連隊のなかで、最多の損耗数を記録することになった。ただし、同連隊ではⅢ号戦車の全損は発生していない。したがって、この写真は——前ページのキャプションは間違いで——『ツィタデレ』作戦中に撮影されたものではないという可能性が出てきた。ポヌィリ近辺という地域はともかくとして。

この日の朝、第2戦車師団の第38戦車駆逐大隊だけは、一部が投入されている。

この写真を見れば、ドイツ軍が防御戦闘に移行したのは明白だ。兵士に身仕舞いをする時間があるのだから。

第9戦車師団のなかで、第33戦車連隊第1中隊だけがシュルツ戦闘団に配された。

シュルツ戦闘団に配属されたⅣ号戦車“124”。

※※※

第4戦車師団戦区では、攻撃が続行される予定だった。モーデル上級大将は、ソ連軍防衛線の突破を、まだ断念したわけではなかった。戦術と運用計画の誤りが積み重なって、そのしわ寄せの徴候があらわれているのを考えれば、これはいっそう驚くべきことだった。しかし、第33機甲擲団兵連隊の各中隊の“塹壕兵力”がいずれも30名程度に落ち込んだために、253.5高地は放棄せざるを得ないとの報告を耳にしたモーデルは、第XXXXⅦ戦車軍団に対する攻撃要請を撤回した。

0400時、第4戦車師団は、前日までの進撃限界線の範囲内で防御態勢に移行した。そして、朝のうちに師団の戦力の半数は、整備点検を実施すべく引き揚げられた。残った戦車と、配属されていた第505重戦車大隊は、第33機甲擲弾兵連隊の支援にまわるよう指示を受けた。

第904突撃砲大隊は、チョープロエ東部地区の北に投入された。

砲兵部隊は、その射撃任務遂行にあたって、膨大な量の砲弾を消費した。第XXXXⅦ戦車軍団だけを見ても、砲弾供給量は168.8トンにのぼった。

数度の敵襲は、いずれも撃退された。

※※※

第20戦車師団戦区では、各陣地の状況が改善された。1500時前後、ソ連空軍の爆撃機50機がサモドゥロフカを襲ったが、特に目立った被害は出なかった。

※※※

第102歩兵師団戦区では、小規模な威力偵察部隊の活動が活発化。15〜20人規模の敵偵察部隊が、熾烈な白兵戦の末に撃退される例が続発した。

※※※

第12戦車師団は、ふたつの行軍部隊に分かれ、2本の行軍ルートに沿って、新たな集結地へ移動した。出発は0230時、到着は0900時。

前ページと同じ車両を別の角度から。

『ツィタデレ』作戦の全期間を通じて、第9戦車師団が報告した戦車の全損件数はIV号戦車の2例にとどまった。したがって、この写真を同作戦期間中のドイツ軍の損失と結びつけるのは、いささか疑わしい。しかもこれはII号戦車とIII号戦車である。

また、この期間中のドイツ側の撃破報告についても、一応の疑いの目をもって検証しなければならないだろう。ソ連軍も“撃破”された車両のうち、それなりの数を回収し、再び作戦復帰させているからだ。

この日の朝、第4戦車師団に発令された攻撃命令は撤回された。師団の戦車の半数は、補修や整備点検に入らねばならなかった。残る戦車は、師団戦区で警戒任務につくのが精一杯だった。写真は第35戦車連隊第4中隊のIV号戦車H初期型“420”。

第18戦車師団も防御戦闘に移行した。

午前中、師団砲兵は数度の陣地変換を実施した。だが、それ自体は砲兵部隊には珍しいことではない。

ソ連軍の攻撃が次々と発動される。

ドイツ軍は、あらゆる手段を講じて、これを撃退しなければならなかった。たとえば対空砲を対戦車砲として用いたのは無論、III号戦車までも……（おそらくは第9戦車師団の車両）。

その結果、ソ連軍は手痛い損失に見舞われた。これは第9戦車師団戦区で撃破されたT-34である。

その一方で、攻撃に失敗した結果やむなく遺棄されたドイツ軍の車両の残骸が、ソ連兵の検分を受けている。[これは原著編集上の手違いだろう。7.5㎝砲の搭載方式を改めたSd.Kfz.251/9D型が登場するのは1944年になってからのはずだ]

戦闘の合間に時折訪れる休息の時間は、功労者を顕彰する格好の機会でもある。写真の兵は肉薄攻撃によって2両の戦車を撃破した。

その間にもソ連軍は、ますます多くの戦車や自走砲を前線へ送り込む。たとえば、この対戦車自走砲SU-76など。

ソ連軍の砲撃によって、弾薬の補給もいちだんと支障を来すようになった。馬匹牽引の運搬車両——ありていに言えば荷馬車のすぐ近くに、砲弾が着弾した瞬間。右手には8トン牽引車Sd.Kfz.7または12トン牽引車Sd.Kfz.8と、それに牽引されている8.8㎝対空砲が見える。

上空では依然として航空戦が盛んに展開されている。ソ連軍戦闘機が撃墜された瞬間。

いくつかの戦区では、比較的静かな1日だった。散発的な敵襲は、いずれも撃退された。

ここでは突破のチャンスがほとんどないことを、ソ連兵もわかっていたに違いない。

各突撃砲大隊の損失数も、きわめて少なかったと考えて良い。クルスク北部戦区に投入された7個大隊で、登録抹消となったのは計17両に過ぎない。

もちろん負傷者も出たけれども。［被害が多かった車長司令塔前面を強化する目的で、現地改造による増加装甲が装着されているのが目を惹く］

時には単純な荒療治が施されて……［右のIII号突撃砲G型のアップ。シュルツェンが変形しながら命中弾の爆発力を吸収したらしく、その内側のエンジン吸気口などにはダメージが及ばなかったようだ］

戦闘によって損傷を受けた砲も多かったが。[榴弾の直撃だろうか。このタイプのシュルツェンはフェンダーより上側の戦闘室を防護する部分が2枚重ねになっているにもかかわらず、両者とも紙のように変形している]

左ページ上／……速やかに作戦可能な状態に復帰することもあり得る。[トラックの荷台に積んだドラム缶から手回しポンプを使って燃料の補給中]

左ページ下／容易には突破されないだけの防御線が形成された。

上／敵襲を常に警戒。

砲兵機材の損失も報告されているが、敵火や機械故障によるものばかりでなく、砲身破裂の事故によるものもあった。[大破した15cm自走砲フンメルである]

左ページ上／背景にヴェスペ専用弾薬運搬車、その右にSd.Kfz.251、B VI号無線操縦式重装薬運搬車が見える。

左ページ下／いまさら説明の必要もないだろうが、東部戦線では赤十字のマークさえ何ほどの安全保障にもならなかった。[ホルヒ製の重統制型野戦乗用車 Typ 40にワゴンボディを架装したモデル]

ヴェスペ自走砲は、敵戦車部隊の先頭車両群に対する直接射撃任務を付与されることも多かった。

次ページ2点とも／この日、敵襲はひっきりなしだったが、もはや驚くようなことでもない。

T-70軽戦車の車体に記入されたスローガンはよく見られる“祖国のために”。

この日の敵襲は、ことごとく撃退された。このT-34戦車は対戦車壕のなかで燃え尽きた。[ゴーリキーの第112工場で生産されたT-34の特徴とされる多数の手すりを付けた車体。同工場では'43年の半ばになっても六角砲塔タイプへの生産切り替えが行なわれなかったという]

第12戦車師団は、IV号戦車1両を登録抹消しただけの"軽傷"で、作戦を終えた。これは同師団のIV号戦車"622"。

第20戦車師団の戦区では、ソ連軍の攻撃に対して、牽制作戦が実施された。ルフトヴァッフェは、依然として効果的な支援を提供してくれる。

第21戦車大隊は、全損3両。開始当初とほぼ同数の戦車をもって作戦を終えた。

誰の顔にも疲労の影が。

右ページ上／同大隊のIII号戦車は1両たりとも失われなかった。

右ページ下／第505重戦車大隊のティーガー 5両は、チョープロエ南の高地で警戒態勢を敷いた。写真はティーガー“231”。

131

上2点／この警戒任務は翌日まで続いた。ソ連軍はここでも突破することができなかった。

左／同大隊の装甲弾薬運搬車も頻繁に行き来する。［小型突撃橋を積んだ“架橋戦車”とされる］

下／ティーガー“233”の正面で、フィーゼラーFi 156“シュトルヒ”偵察機が偵察任務を遂行中。

右ページ／第12機甲擲弾兵連隊のビーゾン自走砲も、第505重戦車大隊のティーガーとともにチョープロエ南で警戒任務にあたった。［左のSd.Kfz.251装甲兵員車（SPW）は1943年9月から生産されたといわれるD型である。撮影時期が合わない］

捕虜の一団が通り過ぎる傍らを、行動不能に陥ったIII号突撃砲が仲間に牽引されて行く。

第177突撃砲大隊の車両もこの日やはり投入された。

助け合いの精神は大切だ。

作戦を成功裡に終えれば勲章が授与されるのは、ソ連軍も同じ。

どこを見回しても英雄にはこと欠かないうえ、彼らには常にどこか芝居じみた印象がつきまとう。この第4戦車旅団のネチャイエル少尉と彼のクルーの気取ったポーズにも。

ソ連軍の整備兵も、撃破された車両の補修に、昼夜を問わず忙殺されていた。

第12戦車師団は2個の行軍部隊に分かれて移動、0900時、新しい集結地に着いた。［写真は131ページに掲載しているのと同じ仮設橋による渡河シーン］

第904突撃砲大隊は、チョープロエの北に投入され……

ソ連軍の襲撃に対処しなければならなかった。

突撃砲のクルー。［272-273ページの突撃砲の乗員。左上、砲班長のウールの搭乗服、その下のデニムの搭乗服、右上の通常の野戦服、そして作業服と全員の服装が異なっているのが面白い］

弾薬補給中のIII号突撃砲。［これも274ページと同じ場所における同一車両の補給シーンを捉えたもの］

この時点で、第12戦車師団から派遣された戦車12両が、まだ第656重戦車駆逐連隊の配下にあったかどうかは判然としない。

陣地を移動する第654重戦車駆逐大隊のフェアディナント。おそらくはオリョールへの移動の準備だろう。［第3中隊の中隊先任下士官、いわゆる“シュピース”の搭乗車で、7月5日付の名簿にはライントナー先任曹長の名が記されている］

第653重戦車駆逐大隊のフェアディナント駆逐戦車。

1943年7月12日

天候：曇り時々雨、風強し。

一般に、クルスク戦を扱った書籍のなかで、この日——1943年7月12日——は次のように描写されるのが常である。すなわち「ソ連軍ブリャーンスク前線と西部前線は攻勢に転じ、オリョール方面へ攻撃をかけた。ドイツ第9軍は背後が脅かされていると認識した。ソ連軍は盛大な攻撃準備射撃の後、約80個師団と14個戦車軍団の戦力をもって、オリョール突出部周辺のドイツ軍陣地を蹂躙した。」

ここで、当時実際に起こったこと、あるいは起こりつつあったことについて、いくつか指摘しておきたい。まず、複数の業務日誌や戦闘記録に示されていることだが、戦車部隊が断片的にしか投入されなかった場所では、どこであれ作戦成功には至らなかった。そして、戦車部隊の断片的投入は、いたるところで見られたのだった。

第9軍の作戦地域では、数日経つうちに、グデーリアンが提唱する戦車部隊投入の原則の正しさが、実感として理解されることになった。だが、言うまでもなく、それが実感されたときには、すべてが遅すぎたのである。もっとも、戦車部隊の“正しい”投入に失敗したにもかかわらず、『城塞』作戦最初の2日間で、いくつかの戦区においては、ドイツ軍がソ連軍防衛陣地帯へ20㎞の深さまで食い込んだのは事実だが。

しかし、種々の要因——作戦指導陣の誤解あるいは意見の相違、曖昧な命令、躊躇、遅延、調整不足、一部の不適格な指揮官による不適切な指揮統制——が重なり、結果として、奇襲作戦の性格は失われた。それだけでなく、上記の要因は、ますます多くの戦術上の失策を呼び込むことにもなった。

たとえば、重要な部隊が不可解な理由でその戦区から引き揚げられたという事例が散見される。それも、その後また同じ戦区に戻されるだけの話だったのだから、信じがたいような時間と労力の無駄遣いがおこなわれていたわけである。

作戦最初の2日間で発生した死傷者10,000名の穴埋めにいずれ必要となるとの理由で、5,000名の兵員を予備として温存しつづけたのは、戦術的に正しいことではなかったばかりか、作

第3戦車連隊は、7月14日までに、オリョールの東50㎞のズミーエフカへ移動するよう指示された。

撃破され、遺棄されたII号戦車。正確なところは不明だが、砲兵部隊か工兵部隊の所属車両だろう。

この頃の第177突撃砲大隊の可動車両は全体の半数。作戦期間中、登録抹消されたのは1両のみ。

この日、ブリャーンスク前線の攻勢が開始され、第9軍は背後から脅かされることに。

戦遂行のうえでまったく意味をなさなかった。なぜなら、消耗した前線部隊にとって、補充もないまま、手持ちの兵力のみで前進を続けるなど不可能であることはわかりきっていたからだ。

さらに、第XXXXⅦ戦車軍団司令官レメルゼン戦車兵大将の命令拒否も、第9軍の指揮統制の混乱を助長する結果となった。

結局のところ、これらすべてが原因となって、激戦を通じて生まれかけていた勝機も失われたのである。

部隊を前線へ繰り出すに際して、じゅうぶんな迅速さに欠けていたのは、前衛と後続とのあいだに長く無防備な側面が生ずるという結果につながった。後続との連絡を維持するため、行軍速度を落とすか停止するかしなければならず、それまで快調に進撃していた部隊が、こうして足止めを食うことになった。まさにこの点において、フォン・クルーゲ元帥はあまりに楽観的すぎたということが明らかになるのだ。戦車の数は不足していたし、投入に際しても、出し惜しみが過ぎたと言える。

また、前線では臨機応変の姿勢が多く求められたが、裏を返せばそれは、そもそもの作戦計画が杜撰だったことをあらわしている。各部隊が『城塞』作戦の発動まで長期間の——最長で3ヶ月という例もあった——待機を強いられたなどというのは、およそ信じがたいことだ。

作戦開始の長期におよぶ遅延と、7月8日を皮切りに、部隊によっては目立った動きが見られなくなったことは、特記に値するだろう。この膠着状態は、7月8日から顕著になってゆくのだが、これは戦況がそれだけ混沌《カオス》状態に陥ったことによる。第4戦車軍の攻勢作戦と比較して、第9軍の攻勢作戦は、ほとんど素人臭さをさえ感じさせる。南方軍集団と北方軍集団とでは、楔形戦術ひとつとっても、明らかな違いがあった。

フォン・クルーゲ元帥が戦況をまったく軽視もしくは過小評価したこと、モーデル上級大将が進撃に際して過度に慎重な姿勢を崩さなかったこと、そして各部隊の攻撃準備態勢が行き届いていなかったことで、確かな勝利への道は踏みはずされ、続く何週間かで、彼らは敗北へと導かれる。

この危機に対処すべく、部隊の移動が進められた。写真はフルスピードで走行中のSd.Kfz.250。

あと知恵で判断するならば、モーデル上級大将の戦術には、戦闘継続に役立つ利点が確かにひとつあった。兵員はともかくとして、戦車が温存されたことだ。

いずれにしろ、南方軍集団と中央軍集団とでは、互いに違った用兵思想、異なる戦術原則が働いていたような印象を覚える。まるで、その根底からして異質な国民気質なり精神構造なりが作用していたかのようだ。

南方軍集団が、7月12日、消耗しきったソ連軍第68狙撃軍団と第69軍にドネツ両岸の放棄を強いつつあったのに対し、クルスク北部戦区では、それより3日早く、一部の部隊が防御戦に移行しはじめたのだった。南部戦区のドイツ軍は、すでにソ連軍の第2次防御陣地帯を破り、そのまま攻撃を続ければ、第3次陣地帯の突破もそれほど先の話ではないというところにまでこぎつけていた。第3次陣地帯は、それほど地の利の良い場所に設置されていたわけではなく、ヴォローネジ前線は崩壊寸前だった。南部戦区において、プローホロフカ戦は、決して悪い前兆ではなかったのだ。

そして、この日すなわち1943年7月12日の南部戦区において、ドイツ軍は彼ら自身そうとは知らずに――フォン・マンシュタイン元帥は気づいていたかもしれないが――初めて戦車の数でソ連軍を上回っていたのだった。彼らは膨大な数の敵戦車あるいは装甲車両を撃破した。その意味でも、やはりこのときのドイツ軍は、ソ連軍より上手だった。また、数の多い少ないにかかわらず、南部戦区においては、ドイツ軍は常に圧倒的なまでの戦術的優勢を誇っていた。

とは言え、独ソ両軍の兵士たちの勇敢さという要素を忘れてはいけない。両軍の兵士は、いずれも辛く厳しい条件下で、また、しばしば優柔不断だったり無能だったりする指揮官のもとで――どちらにせよ導き出される結果は同じだろうが――戦った。

ソ連軍の数については、そればかりをあまり深く考えすぎないほうが良いだろう。特に人的損耗数を考えるとき、ソ連側が出してきた数字はほとんど無意味だからだ。損耗数に関して何の情報も持たなければ、ドイツ軍の勝利など、まるであり得な

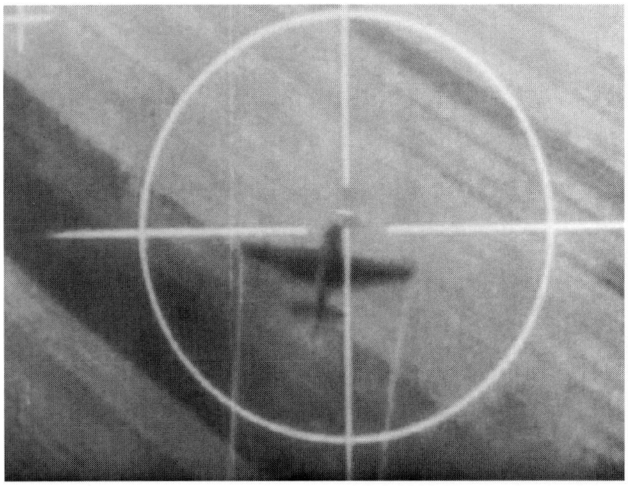

空では激戦が続いていた。メッサーシュミットBf109のサイトに捉えられたソ連軍戦闘機。

イリューシンIl-2“シュトゥルモビーク”の最期。

その間にも地上のドイツ軍は攻勢発起地点まで後退を強いられていた。これは第9戦車師団のSd.Kfz.251。[星型アンテナを装備した、C型車体の指揮車両]

右ページ／この戦区では、ソ連軍襲来の徴候がいよいよはっきりしてきた。兵士はそれぞれに身構え、迎え撃つ態勢だ。

いことにしか思えなかっただろう。ここでクリヴォシェーエフが発表した数字を利用することができるのは幸いだ。

攻撃開始の時点で、西部前線とブリャーンスク前線の兵力は約800,000名であった。8月18日には、両前線の戦死傷者は約350,000名と記録されている。当初の兵力のほぼ半数が失われたことになるわけだ。さらに、中央前線の死傷者162,000名がこれに加わる。これは、区切り方が不適切だったり、記録が欠如したりしている期間について再検討したのち、あらためて集計された数字である（後述の文章も参照されたい）。

この膨大な損失数——死傷者510,000名——を目にすれば、ソ連軍の勝利はまさに“ピュロスの勝利”だったと言わねばならない［訳注／“ピュロスの勝利”は払った犠牲に比して、引き合わない勝利のたとえ。ローマ軍を破りながらも、多大な犠牲を払った古代ギリシア、エペイロスの王ピュロスの故事から］。という事実がまた、なぜ正確な死傷者数がかくも長いあいだ伏せられてきたのかを、はっきりと説明している[注9]。

また、このときドイツ軍の兵力2,500,000名に対し、赤軍は5,500,000名を擁していたことも注目に値する（これについては続刊でも説明予定である）。ということは、赤軍全軍の10%が、7週間で消滅した計算になる。

ソ連軍の戦略は、従来非常に高く評価されてきたようだが、実際にはその冷酷さ、無慈悲さが目立っている。ソ連軍もまた、フォン・クルーゲ元帥が抱いたのと同じような、誤解に基づく楽観論によって、多くの損害を出した。彼らは彼らで、ドイツ軍の防衛能力を、まったく過小評価していたのだ。

ともかくも、西部前線とブリャーンスク前線ともに、著しく消耗していた。それを考えれば、フォン・マンシュタインが主張した攻撃継続論が決して間違ってはいなかったこと、むしろそれがいかに正しかったかが、今にしてよくわかる。攻撃を継続していれば、ソ連軍にさらなる打撃を与え得たかもしれないのだ（これについても続刊で詳述予定）。

しかし、だからと言って、ドイツは対ソ戦に勝てたかもしれないということにはならない。一部の歴史家によれば、ドイツの敗北は、すでにモスクワ戦の時点で決まっていたという。いや、そうではなくスターリングラードで決まったのだと主張する歴史家もいる。そして、ドイツの勝利から敗北への転換点《ターニング・ポイント》を、このクルスク戦に求める歴史家も少なくない。どの説に賛成するかは、読者諸氏の判断に委ねよう。いずれの説も一理あり、実際のところ、どれを取ってもドイツの敗北という結論は変わらないのだから。

※※※

ソ連軍は、1943年の単年度で、東部戦線全域において2,900両を越える重戦車と、約23,900両の中戦車（レンド-リース車両を含む）を投入することが可能だった。そして、『城塞』作戦の時点で、その半数強が失われていた。この1943年の戦車損失数からも、ある状況が浮かびあがってくる。それまでにドイツ軍に撃破され、登録抹消となった重戦車は1,300両、中戦車は14,700両（ほとんどがT-34）にのぼるが、そのうち半数強がクルスク周辺の戦闘で失われたことになるのは、ほぼ確実である。クリヴォシェーエフによれば、クルスク周辺で展開された6週間の戦闘で、失われた戦車は6,064両だという。

その一方、7月中の東部戦線全域で突撃砲大隊によって計上された“戦果”すなわち撃破数は、あわせて1,880を越える。反対に、全損扱いとなった突撃砲は101両と報告されている。言うまでもなく、ソ連軍の場合も、損失数がそのまま全損数に直結するわけではない。いったんは損失と報告されても、短期あるいは長期の補修作業を経て、再び投入される車両もあった。

7月から9月までの期間、ドイツ軍の装甲戦闘車両の損失数は、月平均で戦車ならびに突撃砲あわせて520両であった。つまり、その3ヶ月で失われた戦車または突撃砲は、単純計算して1,560両である。このことは、南方軍集団・中央軍集団ともに大幅に戦力を減らしていたという説への反証となるものだ（これについては続刊で詳述する）。

しかし、ソ連軍は、1943年7月12日からほぼ1週間で、ドイツ軍第9軍を攻勢発起地点へと押し戻した。やはり第9軍は、作戦開始当初からの重要な部隊の一部——たとえば、戦区移動

第10機甲擲弾兵連隊は“箱の森”を攻撃したが、何の成果も得られなかった。

第20戦車師団の報告によれば——隷下の第21戦車大隊は攻勢期間中“酷使”されたが——同師団の全損件数はIV号戦車3両にとどまった。

を命じられた第20戦車師団や第9戦車師団など——を、このときすでに欠いていたのだ。

とは言え、ドイツ軍が“蹂躙された”という証拠は、どこにも見あたらない。

その一方で、中央軍集団が採用した中途半端な戦略は、こうした攻勢作戦を遂行するうえで、選び得るなかでも最悪の部類に属した。これは確かに作戦失敗の最大の原因だった。モーデル上級大将は、作戦2日目からは攻撃を断念し、断固たる防御戦闘に転ずるべきだった。第XXXV軍団の作戦地域においても、そうすべきだったろう。

そうなれば、中央軍集団が敵をその戦区に釘付けにすることになり、先に協議されたとおり、鉄床《アンヴィル》を形成するのに役立ったはずだ。たとえその鉄床が小さいものだったとしても、南方軍集団がハンマーを振り下ろし、ヴォローネジ前線のみならず中央前線までも打ちのめすことを可能ならしめただろう。ステップ前線は、フォン・マンシュタインの戦車部隊との戦闘を支援すべく、すでに隷下の戦力をヴォローネジ前線へ急派していたため、その体力を消耗していた。

※※※

では、7月12日の各戦区の動きを追ってみよう。

ソ連軍第48・第13・第70軍の攻撃により、ドイツ軍は出撃地点まで押し戻された。ブリャーンスク前線は、第11親衛軍と第61軍をもって、ブリャーンスク～オリョールを結ぶ線に沿って攻撃し、第9軍の背後を脅かした。ドイツ側は、第9軍から一部の戦力を、新たに脅かされた地域へ移動させることで、それに対処した。

第216突撃戦車大隊の損失数は非常に多かったと言える。その戦力の1/4近くが全損と報告されているからだ。［ブルムベーアは本質的にスターリングラード戦の教訓から開発された市街地用の“攻城兵器”であり、フェアディナント同様に自衛火器をもたないこともあって、原野での機動戦には向いていなかった］

第21戦車大隊は、この日、大半の車両が作戦可能と報告。部隊の体裁はほとんど揺らいでいなかったと考えて良いのではなかろうか。

第10機甲擲弾兵師団は、疲労困憊した第292歩兵師団と交替した。第177突撃砲大隊は、第78突撃師団へ配属された。同大隊は、半数の砲が作戦可能であり、1両が全損と報告。第10機甲擲弾兵師団は、専属の“突撃砲大隊”を連れてきた。というのは、同師団の戦車駆逐大隊——第10戦車駆逐大隊——のことなのだが、突撃砲10両を擁していた。

第653重戦車駆逐大隊の正面では、撃破された戦車の残骸が増え続けていた。同大隊は、戦線から引き抜かれた後、北のオリョール方面へ送られた。翌日、彼らは第36機甲擲弾兵師団と第262歩兵師団の戦区で、激戦に参加することになる。

※※※

第18戦車師団の戦区では、偵察の結果、ソ連軍が引き続き防御陣地（築城）の強化を図っていることが判明した。0500時、いくつかの部隊を訓練のため戦線離脱させる件について、話し合いが持たれる。1400時、師団戦区の全域に、擾乱砲撃あり。敵の強襲部隊が240.2高地で撃退される。午後のあいだに、第10機甲擲弾兵師団と第18戦車師団との協議がおこなわれる。1830時、第18戦車師団は、彼らが7月14日までに戦線から引き揚げられ、ボールホフ周辺地区へ送られることになろうとの通達を受け取った。

※※※

0145時、“箱の森”に対し、第9戦車師団第102機甲砲兵連隊と第6歩兵師団の師団砲兵、さらに軍団砲兵による5分間の弾幕射撃が実施される。だが、第10機甲擲弾兵連隊第6中隊が同森林地帯に接近を試みた結果、砲撃は目に見えるほどの効果を得られなかったことが判明した。無意味な作戦行動は、敵歩兵の猛烈な防御砲火に遭って失敗に終わった。機甲擲弾兵部隊（第6中隊）は、多数（50名）の死傷者を出したことを報告した。負傷者は装甲兵員輸送車で後送された。

1900時、師団は防御戦闘への移行を命令。2130時、師団に対し、弾薬の配給量が半分に減らされる旨、連絡が届く。2200時、師団は砲兵射撃を受ける。夜間、何度かの擾乱砲撃と、爆撃もあり。

※※※

第2戦車師団第3戦車連隊は、7月14日にオリョールの東約50㎞、ズミーエフカ周辺地区へ移される予定だった。師団の残りの部隊の第一陣は、第XXXV戦車軍団の戦区に移動し、第8戦車師団に配属されることになった。

第505重戦車大隊の整備班は第21戦車大隊の整備班と同様、最善を尽くした。だが、第505重戦車大隊は、この日、11両のみ可動と報告しなければならなかった。

334

第12戦車師団の師団章。

新たな戦区に到着したばかりの第12戦車師団は、続いてオリョール市の北部地区への移動を命じられた。[228ページ上の写真と同じタイプのIII号指揮戦車]

※※※

第4戦車師団長は、1100時、偵察実施に関する指令を出す。攻撃再開が予定されていたため。終日、砲兵中隊同士での射撃(対砲兵射撃)の応酬が続く。猛烈な砲兵射撃の結果、第33機甲擲弾兵連隊の1個中隊が、チョープロエの南縁に到達を果たす。7月10日に橋を突破して擱座した師団長の指揮戦車は回収された。第35戦車連隊第I大隊は、整備兵の献身的作業が実を結び、作戦可能車両は60両であると報告した。チョープロエ村南東の丘陵沿いの遮蔽陣地にはティーガー5両が配され、敵の接近をことごとく退けた。

※※※

第20戦車師団の戦区では、前夜と同様に、擾乱砲撃あり。

同師団第59機甲擲弾兵連隊の戦区では、1100時に敵の強襲部隊を撃退。第20機甲偵察大隊長シェーンベック少佐が、自身の戦闘指揮所で戦死。

2300時、第112機甲擲弾兵連隊第I大隊は、敵の抵抗が微弱であるのに乗じ、戦線を500mほど前方に押し出すことができた。その後、同大隊は、同第II大隊の交替を受けた。この日、第21戦車大隊は、以下の車両が作戦可能と報告した——III号戦車(長砲身)9両、III号戦車(7.5cm砲)4両、IV号戦車(短砲身)5両、IV号戦車(長砲身)22両、指揮戦車2両。その他25両が短期間の、2両の38(t)戦車が長期間の整備補修作業中だった。この数字から判断するに、同大隊はほとんど痛痒を感じていなかったのではなかろうか。

※※※

第102歩兵師団戦区の状況は変わらず、依然として敵の威力偵察部隊が出没。

※※※

到着間もない第12戦車師団は、0845時に新たな命令を受け、それによって即座にオリョールの北部地域に送られることになった。

原注

[9] 一部の例では、ドイツ軍の士気を殺ぐため、西側連合軍の死傷者数も伏せられたり、控えめな数字で発表されたりすることがあった。

たとえば、近年公表されたイギリスの公文書館資料（ファイルGP16）のなかから、私たちは実際の数字を拾い出すことができる。それによれば、連合軍兵士（アメリカ、イギリス、カナダetc.）の死者、負傷者、行方不明者が――地上軍の数的優勢と、完全な制空権の保持にもかかわらず――約228,000名にのぼったのと同時期のドイツ軍の死傷者は約200,000名である。同じことがイタリア戦についても言える。モンテ・カッシーノからローマまでの時期、連合軍の死傷者は約105,000名、ドイツ軍は約80,000名である。

バルジの戦いも、格好の例証となるだろう。アルデンヌ地区におけるアメリカ軍の死傷者は約80,000名――アメリカ側の資料では死者は15,000名から18,000名のあいだ――、イギリス軍の死傷者は約2,000名である。『ラインの守り』作戦におけるドイツ軍の死傷者は、多くの歴史家が算定するところによれば、90,000名から120,000名のあいだであり、そのうち死者は約30,000名である。

だが、実際には、これらの数字はオランダの海岸（そこでカナダ軍は7,600名の死者を出した）からスイス国境に至る広範な地域での死傷者数である。そこで著者は公文書の調査結果に基づいて、アルデンヌ地域に限定したドイツ軍の死者、負傷者、行方不明者を約60,000名と割り出した。

鉄道移送されるフンメル。

浅瀬を渡り終えたⅣ号戦車“624”。第29戦車連隊第Ⅱ大隊の所属車両である。[本書132ページに掲載したのと同じ写真である]

きたるべき大規模攻勢に備えるソ連兵。PUスコープ搭載トカレフSVT-40半自動小銃を手にしているのは狙撃手である。

右ページ上／この工兵の一団は、地雷でドイツ戦車2両を撃破したとされている。

右ページ下／この日、ソ連軍は戦車部隊をもって数度の攻撃を実施した。

83

にもかかわらず、彼らはドイツ軍戦線を突破することができなかった。ドイツ軍も、航空支援を含め、常に警戒態勢にあったからだ。

結果として、ソ連軍は多数の死傷者を出した。

ドイツ側で報告される行方不明者、捕虜となった者の数は、急激に増加した。

とても若い新兵だということしか目に入らない。

全員まだ子供のようにしか見えない。

ツキに見放されたソ連兵による突破の試みは、夜の闇が降りるまで続けられた。

地形観測中のソ連軍土木工兵。

多少“控えめ”な手段ではあったが、ドイツ軍は火砲や迫撃砲で敵陣地をひとつずつ潰そうと図った。

砲弾が相手の陣地を直撃、塹壕掘り用のスコップが宙に舞った瞬間。

遮蔽物を探し、遺棄されたIII号戦車の車体の下にもぐり込んだソ連兵。これはおそらく第18戦車師団の所属車両だったものだろう。

雨模様の天気のなか、対空砲部隊も投入された、この2cm対空砲FlaK30を搭載した1トン牽引車には、2枚の増加装甲板が取り付けられている。そのため、前方が見えにくくなっているらしく、運転手は外側に頭を突き出すような格好で運転している。

戦車駆逐部隊は多忙をきわめていたようだ。損傷状況がどのようなものであれ、車両は可及的速やかに補修されるのが望ましかった。写真奥はマーダーII。手前の車両は大雑把な前線改修による即製品のようで、搭載砲は7.5cm40式対戦車砲ではなく、5cm38式と思われる。[45ページで詳細を紹介した車両の外観がこれ]

チョープロエ周辺の丘陵地帯では、依然としてティーガーが警戒態勢をとっていた。

8.8cm対空砲は、遠距離にある地上目標に対しても、効果的に使用された。

第78突撃師団の戦区で、警戒任務についた第177突撃砲大隊の車両。

第904突撃砲大隊第1中隊の“G”砲の前で、ホイザーマン上等兵と、ムート軍曹。

損傷し、行動不能となったらしいIV号戦車の横をフェアディナントが通り過ぎる。IV号戦車は第35戦車連隊第I大隊の所属車両。[フェドロヴィッツ出版刊『第654重戦車駆逐大隊戦闘記録集』によると、フェアディナント“511”は車台番号150040、フェルトハイム少尉の指揮する砲であるという]

1943年7月13日

天候：霧と雨、夕方には晴れ上がる。

第18戦車師団は、朝のうちにボールホフの27km北西（ヤゴードナヤ周辺）へ向けて、行軍を開始する。ヤゴードナヤへの初回の突撃を見合わせたトレープトウ戦闘団が、同師団に配属された。フォン・ザイドリッツ大佐は、クラーピヴナ周辺の高地を奪取するよう発令した。第52機甲擲弾兵連隊は、兵員輸送車で可及的速やかに追随することになった。失われた4日間を取り戻すべく、ロームナ周辺地域に進出し、森の点在する隘路を封鎖することに努力が傾注される予定だった。

しかし、この日、『城塞』作戦は総統の一声で中止された。

第9軍は、オリョールにおけるソ連軍の意図を確認した。ソ連軍の欺騙工作《マスキローフカ》は、うまく運んだのだった（続刊に記述予定）。

※※※

第177突撃砲大隊は、この日、第78突撃師団の“消防隊”として活躍した。彼らは数両の敵戦車を撃破した。

※※※

全般的な作戦失敗にもかかわらず、第185突撃砲大隊は華々しい戦果をあげた。9日間の作戦行動で、大隊は敵戦車（をはじめとする装甲車両）102両を撃破したと報告、支払った代価は突撃砲3両の全損にとどまった。

第653重戦車駆逐大隊もまた、多数の敵戦車（をはじめとする装甲車両）を撃破したことを報告した。その数120両である。また、彼らは多くの対戦車砲陣地や掩蓋陣地を排除した。しかし、そのために払った犠牲も大きく、フェアディナント12両が全損に追い込まれている。ただし、オリョール周辺の戦闘の第二段階において、損失は劇的に減ることになる。第654重戦車駆逐大隊が置かれた状況も似かよっていた。

ドイツ軍は、今やいたるところで防御戦闘に入っていた。この突撃砲も防戦態勢だ。

ソ連軍があらゆるタイプのトラックや砲牽引車を駆使している一方で……

入念にカモフラージュを施されたティーガー。チョープロエの高地にて。

……ドイツ軍は原始的な輸送手段に頼らざるを得なかった。この歴然たる違いは、やがてもっと露骨な形で表面化するようになる。

この日、ティーガーは14両が可動と報告された。後刻、彼らは突撃砲部隊の交替を受ける。興味深いのは、右の車両に、戦車を表す小さい菱形が記入されていること。

※※※

第9戦車師団のシュルツ戦闘団の報告によれば、敵はますます多くのスナイパーを投入するようになった。1400時まで、特に目立った戦闘行為は報告されていない。降雨のため道路状況が悪化し、降雪時用のチェーンを装着した本部用の野戦乗用車やトラックしか通行できず。1430時、第50戦車駆逐大隊第1中隊は、ステップ - スノーヴァ方面——“蝶の森”へ進撃する予定だった。2210時、同第2中隊と大隊本部が後続。2215時、第86機甲工兵大隊に対し、近接戦闘用火器と火焔放射器投入の準備を整えるよう、指示がくだった。

※※※

第2戦車師団の戦線を突破してきた敵は撃退された。7月5日から13日までの期間、第2戦車師団は、KV-2を1両、KV-1を3両、T - 34を107両、その他型式未確認の（おそらくはイギリスからソ連に供与された）戦車6両を撃破したと報告している。さらにその後、7月21日までの期間に、同師団は5両のKV-1と79両のT - 34を上記の戦果に上積みすることになる。

※※※

第33戦車連隊は、2400時前後、中隊規模の部隊の襲撃を受けたが、これを撃退した。続いて大隊規模の部隊が来襲したが、

これもやはり撃退した。

※※※

0820時、オリョール突出部でボールホフをはじめとする数ヶ所に敵襲が認められたと、モーデル上級大将より発表あり。第20戦車師団は、その対処に送り込まれることになった。第4戦車師団は、第20戦車師団の離脱に備え、その正面を拡張しなければならなくなった。

1200時、総統が作戦中止を命じたことが公式発表された。

第XXXXⅦ戦車軍団の支援に、ティーガー14両が差し向けられた。

※※※

第102歩兵師団の戦線は、“ヤルタの森”から進撃してきた敵に、2ヶ所で突破された。師団は緊急反撃を実施、これを撃退した。あとにはソ連兵18名の遺体が残された。

※※※

0030時、第20戦車師団の交替を指示する軍団命令が受領された。1400時、同師団はオリョールおよびボールホフ方面へ向けて出発。第4戦車師団は、事前の命令どおり、それまで

周囲一帯の地形や道路事情などの情報を得るため、ソ連兵も時には地元の農民に頼らなければならなかった。

の第20戦車師団の戦区をも引き受けた。敵は正面を強化しつつあると伝えられていたが、この戦区はまったく平穏だった。2300時、第20戦車師団は、翌日の行軍を発令。翌7月14日には、行軍序列先頭の部隊がオリョール地区に入った。

※※※

第12戦車師団第5機甲擲弾兵連隊は、夜を徹しての行軍を経て、集結地区へ入ろうとした矢先に、敵の機関銃火を浴びる。その後、同連隊は、176.8高地～231.3高地を結ぶ線に移動して防御陣地を構築せよとの命令を受領。彼らは第11戦車師団第110機甲擲弾兵連隊第Ⅲ大隊に配される予定だった。第25機甲擲弾兵連隊は、231.3高地を越えて、フメリョーヴァヤに進撃せよとの指示を受ける。この作戦には、第270突撃砲大隊が支援につく予定だった。

1000時、第5機甲擲弾兵連隊は中間目標に達し、正午には目的地に到達。

第29戦車連隊第Ⅱ大隊は、戦車22両と2両の装甲指揮車でキーシュキノに到着。

第25機甲擲弾兵連隊は、1215時、フメリョーヴァヤを確保し、199.2地点の北の森林地帯へ進撃を継続中と報告。

第12戦車師団は、この『城塞』作戦終了後の1日目の作戦行動で、さらなる成功を報告した。たとえば、第29戦車連隊第Ⅱ大隊は、1725時に対戦車壕の超越に成功し、(第5および第25の）両機甲擲弾兵連隊は、高地数ヶ所を獲得した。2110時前後、敵戦車部隊の集団がマールィ・クリフツォーヴォからクリフツォーヴォに移動中との報告が入る。第2戦車駆逐大隊は、自走砲5両が作戦可能と報告した。2305時、それらの砲は第29戦車連隊第Ⅱ大隊に配属される。

※※※

これをもって、『城塞』作戦北部戦区における日々の戦闘に関する記述を終える。

ブリャーンスク前線の作戦地域では、この日も攻撃が続けられた。これはSTZ-5砲牽引車と152㎜榴弾砲の一行。

その存在については、同地区で行動するドイツ軍もすぐに知るようになる。

地元民から情報を集めて、攻撃に臨む。

だが、この時期、攻撃は滅多に成功しなかった。

第9戦車師団第33戦車連隊の1個中隊が、チョープロエの南縁に到達した。これがこの日のドイツ軍にとって唯一の攻撃成功例であることは間違いない。

このとき、第35戦車連隊第I大隊の作戦可能車両は60両を超えていた。［砲塔シュルツェンに部隊マークとともに“グリズリーベーア Grislybär”の文字が描かれている］

第2戦車師団第3戦車連隊は、ドイツ軍の防御線を突破してきたソ連軍戦車数両を排除することができた。

第18戦車師団第18戦車大隊は、IV号戦車9両、III号戦車2両を全損として報告した。損失件数としては第3戦車連隊に次いで多い数である。

第3戦車連隊は、『ツィタデレ』期間中、北部戦区で戦った戦車連隊のなかで最多の損失件数――登録抹消14両――を記録した。ただし、それを補って余りある数の敵戦車を撃破している。その数124両、うち107両がT-34だった。

オリョール市内で警戒任務にあたる第12戦車師団。

この第29戦車連隊第5中隊のIV号戦車は遺棄されたもの。よく見ると、向かって右端の車体上部前面の装甲板に黄色で描かれた師団章が確認できるはずだ。

第20戦車師団第21戦車大隊の熟練の戦車兵たちは、日々“酷使”されたにもかかわらず、全損をわずか3両に抑えて作戦を終えている。これは作戦に参加した戦車連隊のなかでもトップクラスの善戦ぶりではなかろうか。写真は同大隊のIV号戦車。例の、椅子を持ち回っている車両である。

第12戦車師団第29戦車連隊は、ほとんど前線投入されることがなかった。期間中に記録した全損件数は前出の1件のみである。写真は2両とも整備中のIV号戦車。

結論
Observations

第9軍が突破作戦に失敗したのは、投入可能な戦車（をはじめとする装甲戦闘車両）が不足していたのが最大の原因だったと見て間違いないだろう。それに加えて、『日々の戦闘の記録』の章で述べたように、種々の要因――調整不足、躊躇、優柔不断、一部の指揮官の判断の誤り、戦車部隊の断片的投入など――が、過てる作戦指導に加担する形となった。そしてもうひとつ、奇襲の性格が失われたことも、作戦失敗の確かな一因となった。

モーデル上級大将の“周到な”運用計画が、戦車の不足を補おうとした努力のあらわれであったことは確かだろう。しかし、この投入手法は結局のところ失敗であり、意図されていた挟撃行動は、北部戦区において惨憺たる結末を迎えたのだった。

モーデル上級大将は作戦遂行中に自身の失策を認識したものの、事態を好転させるにはすでに遅すぎた。とは言え、彼は同じ戦術を防御戦闘で活用することはできたのだが。

第9軍は、ジャブを打つように戦車部隊を投入した。素早く、小出しに、針で突くように。南方軍集団が“古典的な”あるいは“典型的な”楔形隊形での投入――特にSS第Ⅱ戦車軍団の事例――を実施したのとは対照的である。結果として、ソ連軍の戦線を打破する力は失われた。過度に慎重な攻撃手法を採用したのは、グデーリアンの有名な金言――平手で打つより、拳《こぶし》で殴れ！――に背くことだった。

もっとも、第9軍にとって、割り当てられた目標を所定の時間内に達成するのは、ほぼ不可能に近かった。最初の数日の牽制攻撃は、すでにソ連軍の対抗措置によって遅れの生じていた時間表《タイムテーブル》を、さらに遅らせる役にしか立たなかった。1943年7月5日に、数十両の戦車を投入して実施された初の本格的な攻撃は成功しなかった。歩兵部隊が敵に邪魔され戦車部隊から引き離されてしまい、攻撃発起線まで戻らねばならなかったからだ。

第9軍戦区では、作戦初日から次のようなことが明らかになっていた。このままの方針を固守するとなると、突破は不可能だろう、と。この時点でモーデル上級大将は、断固たる防御への切り替えを、麾下部隊に発令すべきだった。

例の“周到な”戦術の、偶然の結果だったにしても実に驚くべきことだが、北部戦区におけるドイツ軍の戦車の損失数は、ほどほどのところにとどまっている。反対の主張も目につくが、北部戦区の損失数は、南部戦区のそれよりも実は多くない。それどころか、逆に少ないのだ。戦車と突撃砲の全損数は、南方軍集団のそれの半分である。比率に基盤を置いても、北部戦区の損失率は南部戦区より高くはない。従来の説とは、正反対の事実がそこにある[注10]。

登録抹消となった装甲戦闘車両――ここで言うのはティーガー、フェアディナントをはじめとする戦車、突撃砲やⅣ号突撃戦車だが――は全種あわせてもわずか87両だったとなれば、これを“決定的な敗北”と呼ぶのは必ずしも適切ではないということになる。この数字があまりに少なすぎるというので、これにねつ造の疑いをかけたばかりか、ソ連側の出してくる誇張された数字を採用した歴史家も少なくない。

下に掲載した表は、1943年7月5日から同14日までの、各戦車師団における全損数である。

各戦車師団の戦車損失数（1943年7月5-14日）

車両	第2戦車師団	第4戦車師団	第9戦車師団	第12戦車師団	第18戦車師団	第20戦車師団	合計
Ⅲ号戦車	-	-	-	-	2	-	2
Ⅳ号戦車	14	6	2	1	9	3※	35
合計	14	6	2	1	11	3	37

※第20戦車師団の数字は、7月13日までのもの。したがって、1日分が記録から漏れていることになる。また、第5・第8戦車師団に関しては利用できる報告がない（続刊に記述予定）。その他、第656重戦車駆逐連隊により3両のⅢ号戦車が全損と報告されている。これが同連隊に配備された第29戦車連隊（第12戦車師団）の車両だったとすれば、第12戦車師団の数字として計上されていなければならない。ただし、少なくとも1両は第313戦車中隊（無線誘導）の所属車両――“F23”――だったことが判明している。つまり、表中のⅢ号戦車の数は、1両ないし2両増えるとも考えられる。

真っ先に目立つのは、戦車の――特にⅢ号戦車の――全損数がとても少ないということだ。Ⅲ号戦車の場合は、車両の能力の現実的な評価をもとにした無理のない投入方法が功を奏したと言えるかもしれない。

旧ソ連政府が提供した写真の多くは、事後に撮影されたものであって、いずれも徹底的な歪曲と当時繰り広げられていたプロパガンダの産物である。戦闘の結果だと称して、実際にはあり得ない被害状況を演出した写真だったり、そもそも『城塞』作戦に参加すらしていない車両の写真だったりする例が多い。とりわけ“撃破されたⅢ号戦車”と称される写真に、こうした例が顕著である（第2戦車師団関連の写真を参照されたい）。

第9軍司令官ヴァルター・モーデル上級大将。

中央軍集団司令官ギュンター・フォン・クルーゲ元帥。

多くの歴史家によって唱えられている「1943年7月10日までに2/3の戦車が撃破されていた」という説は、まったくのでたらめだ。このような数字が分析されたことはないし、事実とも一致しない。

たとえば、突撃砲の場合など、出てくる数字ははるかに低い。駆逐戦車や突撃戦車の損失数が多いのは——あくまでも他の種類の戦車と比較して、ということだが——これらの車両が攻勢作戦に限定して投入されるものだったという事実、そして、これらの車両が自衛手段（たとえば車載機関銃など）を持たないために、ソ連軍歩兵の対戦車肉攻班に対抗できるだけの防御能力を欠いていたという事実から説明できるはずだ。

これは必ずしも裏付けが取れていないのだが、なかにはフェアディナントの車内に機関銃を持ち込み、主砲の砲身を銃眼代わりにして射撃し、肉薄するソ連兵に対抗したクルーもいたという話が伝えられている。ともあれ、フェアディナントの巨体が、すぐにソ連兵のいちばんのターゲットになったのは、作戦開始から日を追うごとに、その損失数が上昇したことからも明らかだろう。

上記の説は、7月8〜10日に展開された、いわゆる“ポヌィリ決戦”における損失数にも支えられているようだ。時には「クルスク突出部におけるスターリングラード」などという馬鹿げた呼び方をされることもあるポヌィリ攻防戦は、むしろ、伝説的地位を獲得しているプローホロフカの戦車戦をそこから思い出させるような、その北部戦区版と位置づけたい。

だからと言って、著者がポヌィリ戦を駆け足で、つまり不当に軽く扱おうとしているとは思わないでいただきたい。そうではなく、著者は、技巧的な、あるいは誇張された語り口を廃して、戦闘をありのままに描きたいと願っているに過ぎない。少なくとも、損失数に関する限りは。

たとえポヌィリ村が今なおソ連軍の抵抗のシンボル的存在としてその地位を堅持しているとしても、それは決して「クルスク突出部のスターリングラード」ではなかった。それに関わったドイツ軍の戦力が（スターリングラードとは比較にならぬほど）少なかったという理由だけでも。現にドイツ軍の各種の報告書や業務日誌を参照しても、特に“ポヌィリの戦い”への言及は見あたらない。

ポヌィリ戦区に投入されていた第9戦車師団は、“ポヌィリの戦い”の前日、次のような損失報告を中央軍集団に提出している。

「1943年7月5-7日の戦車損失数
（戦闘によるもの、および機械故障によるもの）
（中央軍集団届け出、1943年7月7日現在）

第9戦車師団
・Ⅳ号戦車（長砲身）2両：全損
・Ⅲ号戦車（長砲身）15両：投入不可（2両は戦闘による損傷、13両は機械故障）
・Ⅳ号戦車（短砲身）3両：機械故障
・Ⅳ号戦車（長砲身）5両：戦闘による損傷
・Ⅳ号戦車（長砲身）29両：機械故障（一部は7月8日に作戦復帰可能）」

上記の報告にしたがえば、7月7日夕刻の第33戦車連隊には、投入可能な長砲身のⅣ号戦車が皆無だったという理屈になる。（戦闘による損傷車両として計上されている長砲身Ⅳ号戦車5両は、機械故障の項目にも入れられているため、ここに重複が生じている。）

1943年7月8日、ポヌィリ

第9戦車師団の報告によれば、1943年7月8日朝0845時、第33戦車連隊はⅣ号戦車（長砲身）18両を保有していた。前夜のうちに修理が完了し、作戦可能となった車両群である。1430時、その数は11両に減り、7両が再び作戦不能になってはいたものの、全損に追い込まれた車両はない。

師団日誌によると、部隊の士気は良好で、損失はまだ許容範囲内とみなされていた。つまり、ポヌィリにおける交戦で、第9戦車師団が払った犠牲はⅣ号戦車7両、それも一時的喪失（いずれ復帰可能な喪失）にとどまった。その後の報告をあわせて参照しても、同師団で戦車の全損被害は発生していない。これではとうていスターリングラードを連想しようもない。

突撃砲大隊のⅢ号突撃砲損失数（1943年7月5-14日）

突撃砲大隊	第117	第185	第189	第244	第245	第904	第909	合計
損失数	1	3	1	5	2	2	3	17

独立部隊における戦車損失数（1943年7月5-14日）

部隊	第505重戦車大隊	第656重戦車駆逐連隊	第216突撃戦車大隊	合計
ティーガーI	4	-	-	4
フェアディナント	-	19	-	19
Ⅳ号突撃戦車	-	-	10	10
合計	4	19	10	33
全損失数				
部隊	戦車師団	突撃砲大隊	独立部隊	合計
損失数	37（39）※	17	33	87（89）

※Ⅲ号戦車の損失数に関しては、前述の点に注意。

1943年7月5-7日限定の各戦車連隊（大隊）の全損被害数

部隊	所属師団	Ⅲ号戦車	Ⅳ号戦車（短砲身）	Ⅳ号戦車（長砲身）	合計
第3戦車連隊	第2戦車師団	0	0	8	8
第35戦車連隊	第4戦車師団	0	0	0	0
第33戦車連隊	第9戦車師団	0	0	2	2
第29戦車連隊	第12戦車師団	0	0	0	0
第18戦車大隊	第18戦車師団	0	0	0	0
第21戦車大隊	第20戦車師団	0	1	1	2
合計		0	1	11	12

この表から、戦車師団の37両の全損被害のうち、ほぼ1/3が攻勢開始から最初の2日間に集中していることがわかる。

これらの数字をもとに判断すれば、戦車連隊における全損被害が、ほとんど作戦の最初の2日間で発生したことは明白だ。このことは第33戦車連隊に限らず、他のすべての戦車連隊にあてはまる。この現象は、作戦の過程で獲得された戦場の教訓によって、説明されるだろう。

これをさらにわかりやすく示す表がある。

1943年7月5-7日限定の重戦車大隊、重戦車駆逐大隊、突撃戦車大隊の全損被害数

部隊	VI号戦車（ティーガー）	フェアディナント	IV号突撃戦車	合計
第505重戦車大隊	3	-	-	3
第656重戦車駆逐連隊	-	2	-	2
第216突撃戦車大隊	-	-	3	3
合計	3	2	3	8

前掲の表とあわせて参照すると、この期間中に全損・登録抹消となった車両は20両である。

上記の1943年7月5-7日の独立部隊の全損数に関する表によれば、このなかでは第505重戦車大隊だけが、その被害を最初の2日間に集中（1/3以上）させている。第656重戦車駆逐連隊の全損数は、この期間を過ぎてから7月10日までの間に増加した。その頃には、フェアディナント19両、IV号突撃戦車（ブルムベーア）10両が全損と報告されていた。

整備補修中の戦車の数は確実に多かったが、具体的な数字そのものは作戦開始当初と変わらなかった。というわけで、当然ながら、作戦はもともとの保有数のわずか10%から50%程度の車両群をもって遂行されていたのだった。長砲身のIV号戦車が、常にいちばん甚だしい戦闘被害を受け、また、機械故障による損害もいちばん多く被った。とは言え、ティーガー大隊や、2個のフェアディナント大隊でも、整備補修中の車両の数は非常に多かった。これは、彼らが常に最も激しい戦闘が展開されている戦区に投入されたことの証左となるだろう。

実に驚くべきことだが、作戦が進むにつれて、可動車両の割合は増えていった。ある意味でこれは、乗員が新型車両の扱いに短期間で慣れ、技術的・機械的問題に対処できるようになったことのあらわれである。そして、その一方でこれは、車両を一刻も早く前線に戻そうと、整備要員が信じがたいほど献身的な努力を重ねたことのあらわれでもある（これは南方軍集団の場合も同様であり、それについては本シリーズの続刊で紹介する予定である）。

この点をもう少し具体的に理解するには、いくつかの部隊の1943年7月7日の車両保有状況を確認するのが有効だろう。

1943年7月7日の戦車保有状況の例（両）

部隊	本来の戦力	作戦不能	全損
第9戦車師団	88	49	2
第20戦車師団	82	21	1
（うち長砲身IV号戦車）	40	15（一時的）	-
第505重戦車大隊	31	20前後	-
第656重戦車駆逐連隊	90	51	-

7月5-10日限定の全損数

車種	全損数（両）
III号戦車・IV号戦車	29
VI号戦車（ティーガー）	3
突撃砲	12
IV号突撃戦車（ブルムベーア）	10
フェアディナント	19※
合計	73

※第656重戦車駆逐連隊の場合、フェアディナント以外に長砲身III号戦車3両を全損として報告している。この3両は、第29戦車連隊から抽出され配備されていた車両か、配属されていた第313戦車中隊（無線誘導）の車両である（なお、III号戦車の損失数にまつわる事情は先にも述べたとおりである）。

9日間の作戦で発生した全損数は計87両、そのうち最初の5日間の戦闘を終えての全損数は上記のように73両だった。後半の4日間、いわゆる“急激な没落”の期間、これに上乗せされたドイツ軍の全損数は14両に過ぎない。後半4日間は損失が25%に抑えられたという事実を受けて、作戦可能車両の比率は単純に向上した。損失が減った理由は、疑いなく第9軍がその態勢を守勢に切り替えたという事実に求めることができるだろう。

撃破された第4戦車師団第35戦車連隊のIV号戦車“114”。

対する赤軍の損失は、彼らが攻勢に転じた結果として、それ相応に増加することになった。中央軍集団戦区で、第9軍が防御戦闘期間中もソ連軍と効果的に渡り合ってゆくことができた理由は、結局このあたりに見て取れるかもしれない。

フォン・マンシュタイン元帥が提唱したとおり、南部戦区における攻撃続行は、赤軍ヴォローネジ前線が危機的状況にあり、崩壊を避けるためにはステップ前線に支援を要請しなければならなかったという事実と呼応して、まったく正当だったと言える。

フォン・マンシュタインによれば、ヴォローネジ前線ならびにステップ前線抽出部隊は、すでに総計85,000名もの人的損害を出していた（戦死者17,000名、捕虜となった者34,000名、戦傷者34,000名）[注11]。ソ連側の情報筋によれば、ヴォローネジ前線だけでも1,200両を越える戦車が全損扱いとなっていた。フォン・マンシュタインはこれを1,800両としている[注12]。この数字は、ヴォローネジ前線の所属戦車のほぼ全部に相当する。

オリョール周辺の戦区では、ソ連軍は7月5-11日の期間に約15,000名の死者を出した。そして、負傷者ならびに捕虜となった者の数は、少なくともそれと同程度にのぼったと見られる。戦車の全損数は500両を越えただろう[注13]。1943年7月の赤軍の戦車全損数は、公式には4,150両と伝えられている。クリヴォシェーエフは1943年7月5-23日の損失数を6,064両と記している（記録のなかに一部脱落している日付あり）。

ドイツ軍の“全損”数は、実のところ従来の説よりはるかに受け入れやすい数字であり、それらについて反駁の余地はないと思われるが、だからと言って、短期または長期補修中の車両の数までもそうだったと勘違いしてはいけない。

すでに述べたように、攻勢初日、ほとんどの部隊において作戦可能車両は半減またはその域を超えて減少していた。これは南方軍集団でも同様である。これは、敗北――南部と北部の両戦区における――の結果として膨大な損失が出たとする説を否定するものだ。

そもそも膨大な損失なるものは存在しなかった。何となれば、ここで私たちが問題にしているのは、“全損”であり“一時的損失”ではないからだ。各部隊の整備補修小隊でも、たとえば足回りの損傷や程度の軽い機械故障など、比較的“軽傷”の車両を扱うのであれば、一晩に30両を作戦可能状態に復帰させるのも場合によっては可能であり、そうした例が珍しくなかった。

さらにまた、日々の戦闘終了後における可動車両の比率は、両軍集団ともほぼ同じレベルにあった（この件については続刊でも取り上げる予定である）。補修を受けた車両のほとんどが部隊に戻されたので、可動車両の台数は作戦期間中に増えさえしたのだ。

損耗人員数も、やはり想定されていたほど悲惨な数字でなかったのは明らかだ。フォン・クルーゲ元帥は、1943年7月13日付けの第9軍の死者・負傷者・行方不明者あわせた損耗数を20,000名と報告した。これが一見したところでは——あまりに少なくて——信じがたい数字に思われたとしても、ソ連側の数字よりは確実に信頼できる。フォン・マンシュタイン元帥は麾下の第4戦車軍とケンプフ軍支隊の損耗人員数を20,720名と報告した。このうち戦死者は3,830名である。

9日間の作戦における死者・負傷者・行方不明者を含む損耗人員数は、第9軍・第4戦車軍・ケンプフ軍支隊の3個軍あわせて41,000名だった。ちなみに、1943年7月分として公式発表されたドイツ軍の戦死者数は、東部戦線全域で60,000名である[注14]。だが『城塞』作戦関連で死者が7,000名と見積もられているのは、いくらか怪しい数字のように思われる。

他方、コスロフ大佐とオルロフ大佐は、クルスク突出部における攻防戦期間中のドイツ軍の死傷者を500,000名としている！　これでは作戦に投入された兵員——第2軍を含めて——の半数を越える人数が失われたことになる。となれば必然の帰結として、ソ連軍は一気呵成にベルリンへ進撃しただろう。

そもそも損耗人員数を考える場合は、配された兵力と“塹壕兵力”つまり編制表上の兵力と、実際の第一線級の兵力とを区別しなければならない（以下の表を参照のこと）［訳注／とは言え該当の表は見あたらず］。

一般に、ドイツ軍の師団は、ソ連軍の師団より多くの兵員を抱えていた。ともに師団と名乗っていても、二者は組織的にまるで違うものであり、また兵員の使い方もまったく異なっていた。たいていの場合、ソ連軍の師団には兵站組織が組み込まれていなかった。そのため、ソ連軍の師団は、典型的なドイツ軍の師団に比して、純然たる戦闘要員の数がかえって多かったのだ[注15]。

第9軍の死傷者20,000名というのは、概して同軍の“塹壕兵力”すなわち第一線級の戦闘部隊から生じている。結果として、第9軍は無視できない人的損失を出したと言える。多くの連隊の戦力が、すでに作戦開始当初を下回っていて、定数の60〜90％に落ちているケースがほとんどだったからだ。もっとも、この損耗人員数というのも、ことのほか過大視されている。20,000名という数字は、実のところ第9軍全体の兵力の10％にしか相当しない。

さらにまた、こうした人的損失の効果も、やはりきわめて過大視あるいは誇張されている。少なくとも、負傷者に関しては。と言うのも、負傷者のうち相当数が、数日から数週間後には再び前線投入に耐え得る状態になっていたという事実があるからだ。同様に、病気による戦線離脱者も、ほどなく回復して任務に復帰する例があった。

戦車の例と同様に——人間と機械を同列に語るのが許されるとしての話だが——作戦終了まで、投入可能な戦闘要員の基本的な人数に、それほどの大変動はなかった。たとえ少人数ずつだったにせよ、補充兵が到着したことも忘れてはならない（関連の表を参照のこと）。これは、8月と9月にも投入された各師団の兵力報告書に明らかである（この件は続刊で詳述の予定）。

各部隊が協同作戦を展開するのは、しばしば困難に見舞われた。じゅうぶんな連携が成り立たなかったからだ。歩兵師団によっては、彼らのもとに少数配備された戦車部隊もしくは突撃砲部隊、あるいはその両方と、初めて一緒に戦うという事例もあった。

また、なかには、作戦開始を2ヶ月から4ヶ月も待つうちに“切れ味”を鈍らせることになった部隊もある。それだけの期間、まったく実戦投入されなかったうえ、多数の——しかもその大半は実戦経験皆無か、ほとんどないに等しい——補充兵を受領したからだ。いくら演習を実施したところで、実戦経験がないのを補うことにはならない。

新たに導入された通信機器に慣れる必要もあった。

第4戦車師団を例に挙げるなら、1943年7月1日の時点で、まだ依然としてMG34機関銃——優秀な火器ではあったが、工作精度が高すぎるのが難点だった——の前線補修には問題を抱えていた。だが、機械化歩兵部隊にとって、この火器は作戦を首尾良く遂行するには欠かせなかった。MG42機関銃は、まだ広く行き渡ってはいなかったうえ、弾薬に関連して不都合な点があった。発射速度が速すぎるため（給弾ベルトが瞬時に消費されてしまい）、膨大な量の弾薬を必要としたのである。

重支援火器を欠く部隊も少なくなかった。第4戦車師団の場合は、自走式の33式重歩兵砲が不足していた。

やはりこれまで言及されたことがなく、ほとんど知られていないことだが、各部隊の整備班に、それぞれが必要とする予備部品を間違いなく支給するのにも、多大な困難が生じていた。たとえば、第505重戦車大隊にも作戦開始直前に予備エンジンが支給された。だが、彼らが受け取ったのはティーガーⅠ用とは違う型式のエンジンだった（本書で紹介した同大隊関連の一

『ツィタデレ』作戦におけるドイツ軍の“失敗神話”は、ソ連側のプロパガンダや写真公開によって世界に広まった。

次資料を参照のこと）。

また、トラック（貨物自動車）の台数も、この種の攻勢作戦にじゅうぶんなだけ確保できていなかった。したがって、兵站支援も常に保証されていたわけではなく、補給物資の前線到着が遅れるのは日常茶飯だった。本シリーズ既刊『南部戦区』編でも述べたとおり、数え切れぬほど多種多様な車両の整備補修は、そのぶん多種多様な交換部品を必要としたために、その供給が実現できなかった以上、整備補修要員に解決不能の問題を突きつける結果になった。

後方連絡線あるいは補給線がパルティザンに絶えず脅かされていたのも、兵站業務をさらに困難なものにした。

損耗人員数詳解

言うまでもないことだが、フォン・クルーゲ元帥から作戦終了後に発表された死傷者数は、さらなる検証なしに鵜呑みにするわけにはいかない。彼によって全面的に支持され、結局は失敗に帰した『城塞』作戦は、彼の麾下にあった軍集団の作戦地域内に関してだけでも“粉飾決算”が必要であり、死傷者の数は許容範囲内だったとして提示されねばならなかった。

フォン・マンシュタイン元帥によれば、フォン・クルーゲ元帥は作戦終了直後に第9軍の死傷者数をちょうど20,000名と報告した。だが、第9軍が置かれた状況を考えれば、この報告は不備なものとしか思われない。20,000名という数字は、南方軍集団が発表した数字と似かよっている。しかし、姉妹組織にあたる南方軍集団の場合と比較対照すれば、実のところその数字は相対的に跳ね上がるだろう。

作戦の数ヶ月後もしくはそれ以降に発表された損耗人員数でさえ不正確だったと後日判明するのが普通で、“上方修正”が必要となるということくらい、これまでの経験から私たちにも明らかである。オリョール周辺の戦闘もその例外ではないはずだ。

問題となっている期間に関して、私たちに与えられているのは、フォン・マンシュタイン元帥によって示された数字と、東部戦線全域の月間死傷者数だけである。とは言え、結論として、死者・負傷者・捕虜となった者の数は、フォン・クルーゲ元帥発表の数字よりも確実に多くなるに違いない。

第9軍がそのいくつかの戦区において7月9／10日には敵に押し戻されつつあり、南方軍集団とは対照的に撤退を始めているという事実だけを取り上げても——たとえ、ほかに根拠はないとしても——それが本当のところだろう。撤退戦となれば、遺棄を迫られるのは装備だけとは限らない。負傷者も置き去りにせざるを得ない場合があった。したがって、捕虜となった者の数は、北部戦区の方が南部戦区よりも多かったと判断し得るのだ。

もっとも、正確な数字が得られない以上、やはり著者は各部隊の業務日誌や報告書その他の情報源に立ち返るほかない。その大半は不完全なものなのだが、この件について、それらをもう少し調べてみる余地はまだじゅうぶん残されているだろう（これは続刊でも詳述予定である）。

この作戦に投入された歩兵連隊ならびに機甲軽擲弾兵（自動車化歩兵）連隊の数は非常に多い。17個師団、計42個連隊——なかには3個大隊編成と2個大隊編成が混在していたが——あわせて115個大隊が参加している。それとは別に、15個前後の機甲擲弾兵連隊も戦闘に関わっている。

機甲擲弾兵師団、戦車師団の大半は、2個の機甲擲弾兵連隊を保有していた。これらの連隊は、通常は2個大隊編成だが、少数の例外もある。たとえば、第18戦車師団の第52および第101機甲擲弾兵連隊は、それぞれ1個大隊しか保有していなかった。その一方で、第10機甲擲弾兵師団は、各2個大隊編成の連隊を3個保有していた。というわけで、投入可能な機甲擲弾兵大隊は計32個だった。

もちろん、作戦期間中に、これらの部隊がすべて同じように投入されたわけではない。つまり、死傷者の発生状況もさまざまだったということになる。この先、いくつかの文書資料からのデータが、フォン・クルーゲ元帥による数字を修正する手がかりになってくれるだろう。

※※※

第6歩兵師団は、3個大隊編成の歩兵連隊を3個保有していた。師団はそれまで18ヶ月間に渡って前線投入されておらず、そのため定数をほぼ満たした状態で作戦に臨んだ（装備編制表を参照のこと）。そして1,289名の損失を報告しているが、残念ながらこれは7月5-9日の数字で、作戦の全期間の数字ではない。だが、以後7月12日まで、あるいはそれ以降、ソ連軍が反攻攻勢を開始してからも、同師団はさらなる死傷者を出したはずである。それ以降の期間も、彼らは積極的に投入されたからだ。

第6歩兵師団の損耗人員数（1943年7月5-9日）

人員	戦死	負傷	行方不明	合計
将校	9	40	1	50
下士官・兵	231	970	38	1,239
合計	240	1,010	39	1,289

これらの損失を被ったのは、主として6個の歩兵大隊である。だが、その他の戦闘部隊——偵察大隊、対戦車部隊、砲兵大隊、配属された突撃砲大隊など——も同じく死傷者を出している。そこで、6個大隊それぞれで150名の死傷者を出したと現実的に仮定すれば、3個連隊から900名の死傷者という数字が得られる。ある比率で計算すると（つまり、表の数字をもとに、死傷者のうち死者が占める割合を算出し、その比率を上記の数字に当てはめれば）大隊ごとに28名の死者を出したと推定され、歩兵連隊の死者は計168名となる。この当時、1個大隊の隊員数は約500名だった。つまり、問題の期間中、師団の“塹壕兵力”の約1/3が失われたことになる。

第4戦車師団の損耗人員数（1943年7月1-18日）

人員	戦死	負傷	行方不明	合計
将校	17	38	8	63
下士官・兵	255	1,044	75	1,374
合計	272	1,082	83	1,437

期間の長さと考えあわせて、この死傷者数がさらに許容範囲内であるように見えたならば、それは数字に騙されていることになる。これらの損失は、戦車連隊をはじめ、砲兵隊、師団戦闘工兵隊その他からも生じているが、大半は各2個大隊編成の機甲擲弾兵連隊2個が分け合って出していたと言える。

驚くべきことに、第12機甲擲弾兵連隊第Ⅰ大隊は、7月18日の“塹壕兵力”を480名と報告している。すなわちこれは彼らの定数にほぼ等しい数字である。その一方で、同連隊第Ⅱ大隊は任務に投入可能な兵員を205名と報告している。彼らの兵力は半減していたということだ。第33機甲擲弾兵連隊の死傷者数は、これよりさらに厳しい数字だった。同連隊第Ⅰ大隊は任務に投入可能な兵員わずか196名と報告した。その姉妹大隊の報告でも151名だった。

第12戦車師団の損耗人員数（1943年7月5-31日）

日付	人員	戦死	負傷	負傷（部隊に残留）	行方不明	疾病	合計※
7月5日	将校	-	1	-	-	-	1
	下士官	2	2	1	-	-	3
	兵	1	9	5	-	28	33
7月6日	将校	-	-	-	-	-	-
	下士官	-	2	-	-	-	2
	兵	-	4	-	-	32	36
7月7日	将校	-	-	-	-	-	-
	下士官	-	-	-	-	-	-
	兵	1	2	1	-	25	27
7月8日	将校	-	1	-	-	-	1
	下士官	4	3	-	-	-	7
	兵	2	9	5	-	19	25
7月9日	将校	-	-	1	-	-	-
	下士官	-	1	2	-	-	-
	兵	-	3	-	-	24	22
7月10日	将校	-	3	1	-	-	2
	下士官	1	2	1	-	-	2
	兵	2	13	5	-	21	31
7月11日	将校	-	-	-	-	-	-
	下士官	1	-	-	-	-	1
	兵	-	-	-	-	15	15
7月12日	将校	-	-	-	-	-	-
	下士官	-	-	-	-	-	-
	兵	-	-	-	-	記載なし	-
7月13日	将校	2	15	9	-	-	8
	下士官	10	25	8	2	-	29
	兵	27	220	25	5	28	255
7月14日	将校	-	13	5	-	-	8
	下士官	8	36	5	-	-	39
	兵	37	144	9	6	17	195
7月15日	将校	3	11	4	1	-	11
	下士官	2	37	7	4	-	36
	兵	36	149	20	75	22	262
7月16日	将校	4	19	8	3	1	19
	下士官	10	49	12	14	-	61
	兵	41	275	41	185	27	469
7月17日	将校	1	6	2	1	-	6
	下士官	10	51	10	18	-	69
	兵	36	237	41	118	12	362

日付	人員	戦死	負傷	負傷（部隊に残留）	行方不明	疾病	合計※
7月18日	将校	1	10	1	-	-	10
	下士官	9	41	11	-	-	39
	兵	23	125	27	8	8	137
7月19日	将校	4	8	3	-	-	9
	下士官	4	36	13	-	-	27
	兵	13	116	28	-	12	113
7月20日	将校	1	0	-	1	-	2
	下士官	5	44	13	-	-	36
	兵	22	171	30	82	13	258
7月21日	将校	-	-	-	-	-	-
	下士官	-	6	3	-	-	3
	兵	-	8	3	-	24	29
7月22日	将校	-	-	-	-	-	-
	下士官	2	5	2	-	-	5
	兵	7	43	17	1	18	68
7月23日	将校	-	-	-	-	-	-
	下士官	1	2	-	-	-	3
	兵	6	19	3	-	9	31
7月24日	将校	-	-	-	-	-	-
	下士官	-	1	-	-	-	1
	兵	-	4	2	-	5	7
7月25日	将校	-	1	-	-	-	1
	下士官	-	3	1	-	-	2
	兵	3	7	1	-	-	9
7月26日	将校	-	1	-	-	-	-
	下士官	-	-	-	-	-	-
	兵	2	11	4	-	-	9
7月27日	将校	-	-	-	-	-	-
	下士官	-	1	-	1	-	2
	兵	-	8	1	1	4	12
7月28日	将校	-	-	-	-	-	-
	下士官	-	1	-	-	-	1
	兵	3	4	1	1	7	14
7月29日	将校	-	-	-	-	-	-
	下士官	-	1	-	-	-	1
	兵	1	6	1	-	9	15
7月30日	将校	-	-	-	-	-	-
	下士官	-	1	1	-	-	-
	兵	2	4	-	-	9	15
7月31日	将校	-	-	-	-	-	-
	下士官	-	-	-	-	-	-
	兵	3	10	-	-	5	18
合計	将校	16	83	35	6	1	106
	下士官	70	314	77	39	-	346
	兵	268	1,583	269	482	364	2,428
総計		354	1,980	381※	527	365※※	2,799

これもやはり同一の車両をさまざまなアングルから撮影したうちの1枚だが、こうした写真が、ドイツ軍の「決定的敗北」の裏付けに利用されたのだった。だが、同じ車両が別の構図で繰り返し現れていることを、表だって指摘した識者はいない。

第12戦車師団に関しては、非常に正確な数字が得られていて、『城塞』作戦期間中の日々の小計も算出できる。したがって、ようやく7月13日から本格的規模で投入されるようになった同師団の、死傷者数の推移も確認できるわけだ。表は7月の大半をカバーしている。表中、薄いグレーで示している部分が『城塞』作戦期間中を示す。

※“負傷者（ただし部隊に残留）”の数字は、日々の小計からマイナスされている。

※※“疾病”の数字は、長期間の疾病でも日々個別に報告されるため、延べ人数になっている。たとえばひとりの兵が赤痢とマラリアを患った場合、“病人”は2名と報告される。

これらの数字からは、第12戦車師団が作戦期間中はほとんど積極的に投入されていないのを反映して、死傷者もごく少数であったことがわかる。また、7月13日以来、1週間で“塹壕兵力”の1/4ほどを失うことになったのも、はっきりと数字に表れている。さらには、第9軍の戦車戦力が過度に慎重に投入されたこともうかがえて、これらの数字がグデーリアンの金言――平手で打つより、拳《こぶし》で殴れ！――を間接的に支持している格好だ。

※※※

締めくくりとして、作戦期間中に最大の人的損害を出したと思われる第18戦車師団の損耗人員数を掲載する。同師団は第9軍が投入した戦車師団のなかで最も弱体だった。表は7月の1ヶ月間をカバーしている。

第18戦車師団の損耗人員数（1943年7月）

人員	戦死	負傷	行方不明	疾病	損失合計	補充	傷病から復帰	増員合計
将校	40	96	6	3	145	15	1	16
下士官・兵	426	1,944	750※	78	3,198	1,251	307	1,558
合計	466	2,040	756	81	3,343	1,266	308	1,574

※このうち相当数が、7月後半の撤退戦期間中に捕虜となったもの。

『城塞』作戦期間中の損耗数については、知識に基づいた推測が成り立つだけである。師団の業務日誌によれば、彼らは絶えず戦闘に投入されている。その結果、師団の“機械化歩兵”連隊――第52および第101機甲擲弾兵連隊――は、いずれも甚大な人的被害を被った（『日々の戦闘の記録』を参照のこと）。

7月末には、両者とも――第101機甲擲弾兵連隊は特に――全滅したも同然だった。日々の死者および負傷者は平均して124名、作戦期間中の損失は計1,328名に達する。実際の死傷者数は、弱体師団としては相対的に非常に多いとは言え、他の師団より辛うじて多いかどうかというところだ（上記の表を参照。続刊にも記述予定）。

言うまでもなく、作戦期間中の人的損害が、これより少なくて済んだという部隊もある。第78突撃師団と第216歩兵師団隷下部隊を例外とする第XXⅢ戦車軍団の左翼、第7・第31歩兵師団および第258歩兵師団隷下部隊を例外とする第XXXXⅥ戦車軍団の右翼（に投入された部隊）である。また、第9軍右翼の第XX戦車軍団、左翼の第XXXⅤ戦車軍団の作戦地域では、少なくともここで問題にしている作戦期間中、軽微な損害しか発生していないことがわかっている。

以上の検証作業から、第9軍が被った人的損害の実態が、いくらか明確になっただろう。戦闘の中心に投入された部隊（師団）の平均的な損耗数は1,500名、うち死者は300名だった。となると、激戦を戦った14個の部隊（師団）の人的損害はあわせて21,000～22,000名、うち死者は4,200～4,500名になる。フォン・クルーゲ元帥が提示した数字より若干多くなるわけだが、この方が現実的だと考えても良いのではなかろうか。

続くできごととしてソ連軍がドイツ軍戦線を突破し、それに伴ってドイツ軍が撤退を開始したことにより、損耗人員数は上乗せされるのだが、このときはそれまで激戦を免れていた第X戦車軍団、第XXXⅤ戦車軍団の戦区における被害が目立った。

※※※

というわけで、第9軍戦区において戦車戦力が過度に慎重に、広く分散され、時には素人同然の手法で投入されたことが、作戦失敗の最大の原因だった。しかし、作戦中止が宣言されたとき、第9軍には相当数の戦車、突撃砲、駆逐戦車が残されていた（これについては続刊で詳述予定）。

もしも作戦が続行され、第4戦車軍ならびにケンプフ軍支隊がソ連軍ヴォローネジ前線とステップ前線に圧力をかけつづけ、さらには中央前線の背後を圧迫しつづけていたならば、それが成功へつながったかもしれない。フォン・マンシュタイン元帥は正しかった。それが勝利をもぎとる唯一の方法だった。

彼はハンマーになろうとした。ソ連軍という鉄の塊を鉄床の上で叩くハンマーである。そして、彼が率いる南方軍集団とケンプフ軍支隊がハンマーならば、第9軍は――たとえ弱くとも――鉄床でなければならなかった。そのあいだで打ちのめされる鉄の塊は、当然、ソ連軍中央前線ということになるはずだった。だが、これが成立するための前提条件として、『城塞』作戦の最初の2日を過ぎた時点で、北部戦区における攻勢は即座に中止されるべきだったのである。

ヒットラーによる作戦中止は、ソ連軍を圧迫から解放し、弱体化したヴォローネジとステップ両前線の態勢を立て直す余裕を彼らに与えることになった。そればかりか彼らは、疲弊したドイツ軍戦線のどこを叩くかという選択権まで確保したのだった。ここで忘れてはならないのが、SS第Ⅱ戦車軍団のイタリア転出によって、東部戦線で最精鋭の戦闘部隊のひとつが失われたことだ。もっとも、イタリア到着後、同軍団が実質的に彼の地の戦線へ投入されたことは一度としてなかった。

1943年7月5日-8月18日のソ連軍損耗人員数（ただし不備あり）

G.F.クリヴォシェーエフの『ソ連軍の死傷者および戦闘損失』より抜粋。

前線	投入兵力	戦死	負傷	合計	1日平均の損失
中央前線（1943年7月5-11日）	738,000	15,336	18,561	33,897	4,842
ヴォローネジ前線（1943年7月5-23日）	534,700	27,542	46,350	73,892	3,889
ステップ前線（1943年7月9-23日）	?※	27,452	42,606	70,058	4,670
ブリャーンスク前線（1943年7月12日-8月18日）	409,000	39,173	123,234	162,407	4,274
中央前線（1943年7月12日-8月18日）	645,300※※	47,771	117,271	165,042	4,343
合計	2,327,000	157,274	348,022	505,296	26,367

※この項目についてはデータがない。ステップ前線の最終兵力（もしくは最大兵力）は400,000名前後だったはずである。この数字を計上すれば、投入人員は総計約2,727,000名になるだろう。

※※中央前線7月5-11日の兵力のデータからこの数字を引くと、92,700名の差が生じる。7月5-11日の損耗数は計33,897名と記載されているので、58,803名の死傷者がこの間に消えていることになる（1943年7/8月分の損耗人員の総数については、続刊で詳述予定）。

フェアディナントの後面がわかる興味深い写真。第654重戦車駆逐大隊の所属車両である。対戦車肉攻兵を寄せつけないため、有刺鉄線を車体表面に張り巡らせている。

表の数字から、ドイツ軍南方軍集団と対峙していたヴォローネジ前線およびステップ前線のソ連軍が、最大の人的損害を出していたことがわかる。この比較的狭い戦区において、しかも19日間で、あわせて143,950名の死傷者というのはかなり多いと言わなければならない。

だが、第9軍と対峙した中央前線の損耗数も非常に多い。もちろん、これらの数字が正確なものと仮定しての話ではあるが。ところが、1943年7月5-11日の期間――『城塞』作戦に重なる期間――の損耗数は、他の前線と比較して格段に少ない。死傷者33,897名、うち戦死者は15,336名である。負傷者と死者の比率もきわめて特徴的だ。他の前線における負傷者と死者の比率は、おおむね2～3：1である。ところが、この期間の中央前線に限っては、これがほぼ1：1になっている。

推測するに、表に注記した“消えた58,803名”は、この期間の死者および負傷者の項目に振り分けておさめられるべき数字ではなかったのだろうか。そうなれば、必然的にこの期間の負傷者と死者の比率も、7月12日-8月18日の場合と同様、2：1というあたりに落ち着くだろう。

修正数値を使った中央軍集団の推定損耗人員数（1943年7月5-18日）

前線	投入兵力	戦死	負傷	合計	1日平均の損失
中央前線	738,000	約80,000	約175,000	257,742	5,727

［数字は原著のまま。合計255,000、1日平均の損失18,214または1日平均の戦死5,714だと思われる］

クリヴォシェーエフの数値を使った推定損耗人員数（1943年7月5-11日）

前線	投入兵力	戦死	負傷	合計	1日平均の損失
中央前線	738,000	約30,900	約61,800	92,700	13,242

このように、問題の58,803名が『城塞』作戦と重なる7月5-11日の期間中の中央前線の死傷者数に含まれるとすれば、同前線の損耗人員数は、他の前線と比べても破局的に多いということになる。7日間の戦闘で、死者30,900名と負傷者61,800名、

あわせて92,700名の損失である。

ただし、ここでも回復期を経て戦闘に復帰できた負傷者がいたことは言うまでもないだろう。それに加えて、ソ連軍の予備兵力は無尽蔵と言っても過言ではなかった。結果として、ソ連軍の最高統帥部《スターフカ》は、自分たちの戦線に開いた巨大な傷口をふさぐのに、ドイツ軍の最高司令部ほどには苦労せずに済んだのだ。

とは言え、新兵や補充兵の質が次第に低下するという事態に直面しなければならなかったのは、ソ連軍もドイツ軍と同様だった。前線部隊のなかで、新兵や補充兵の占める割合は、常に増加の一途をたどっていたからだ。その埋め合わせとしてソ連兵に施された政治教育あるいは愛国主義的思想教育が、スターリングラードの記憶と格闘しなければならなかったドイツ軍の場合に比べて、はるかに効果的だったのは確かだが。

他方、新兵や補充兵の練度が低くなってゆく一方で、新たに導入される兵器システムは破壊力を増しているとあって、独ソ両陣営とも、死傷者はますます増える傾向にあった。

なお、ここでもう一度指摘しておかねばならないが、前掲の表で引用したクリヴォシェーエフの数値は、網羅しきれていない期間があるため、データとして完全なものではない。なぜ中央前線の60,000名もの兵員が忽然と消えるようなことになったのか、その理由も説明されていない。したがって、これらの計算結果も多かれ少なかれ推測の域を出ない。

クルスク突出部の第9軍が受けた打撃について、ソ連のプロパガンダは長いあいだこれをドイツ軍の「大出血の挙げ句の敗北」あるいは「決定的な大潰走」として描きつづけた。だが、いずれも事実とは少しも一致していない。にもかかわらず、こうした伝説は今日なおテレビのドキュメンタリー番組や種々の出版物を介して、飽かず語られている。こうして、相も変わらずの虚実入り乱れた武勇伝、情報操作と改ざんの産物が世界じゅうに広まってしまうのだ。どうやら、この種の愚行は際限なく繰り返されると決まっているらしい。

すでに述べたように“ポヌィリ戦車戦での決定的敗北”は、仮にそうした気配があったにせよ、一般に流布されているほどにドイツ軍にとって破滅的なものではなかったことがわかってきた。たとえ、そのように語られているとしても。ドイツ軍がおびただしい数の戦車を失ったという印象は、一部の写真を巧妙に並べ替えて見せることによって強められた。

一般に、多くの写真が提示されていても、それは同一の車両を異なるアングルから撮ったものであるケースが多い。ソ連のプロパガンダが自分たちの主張を証拠立ててみせるにはそれでじゅうぶんだったし、それは西側諸国の歴史家にとっても同様だった（こうした写真操作の実例は本シリーズ続刊で紹介する予定である）。

だが、真相は——事実と数字によって支えられて——別のところにある。ドキュメンタリーフィルムにおさめられた“もとドイツ兵の目撃証言”でさえも、すでに事実以上にグロテスクであることがわかっている。著者は、インタヴューや番組出演を拒否した本当の目撃者を何人か個人的に知っている。彼らが出演を拒否したのは、自分たちの発言がプロデューサーによって露骨に操作されるからだった。こうした一方的なルポルタージュは、今の時代、単なる困った問題では済まない。

著者がこれを書いている現在（2005年6月24日だが）、記者組織“国境なき記者団”は、イラクに最後まで残っていたフランス人記者アンヌ・ソフィー・ルモフがイラクから離れなければならなくなったと報じた。同記者団とルモフ本人の弁によると、これはフランス政府の圧力に屈したイラク政府からの強制退去命令に基づいた行動であるとのことだ。『城塞』作戦から62年を経て、“プロパガンダ部隊”が復活したとでもいうのだろうか？

原注

[10] 中央軍集団と南方軍集団の正確な損失数については本シリーズ続刊で詳述予定。

[11] これらの数字は、フォン・マンシュタインが最初に発表して以来、確定されなかったばかりでなく、延々と増えつづけてもいる。

[12] フォン・マンシュタイン元帥が発表した数字は、部隊の“撃破”報告に基づいている。結果として、それは実際の全損数を示すものではなくなった。ソ連軍は7・8月中に一部の車両を回収し、作戦可能状態に復帰させることができた。ただし、戦闘中にその作業を実施する時間的余裕はなかったはずだが。また、焼けこげた装甲板の材質も低下していただろう。というわけで、フォン・マンシュタイン元帥が、一時的にせよ作戦不能として記した戦車の数——1,800両——を疑うべきではない。
ソ連側の“撃破数”も同様に誇張されて報告されている。特に戦車に関して、それもティーガー絡みとなると、それがいたるところに出没していたかのように報告件数が増える。被弾擱座して全損となったティーガーが、その翌日にまた戦場から消えるなどということが果たして可能だろうか？

[13] 既刊『南部戦区』編で述べたとおり、奇妙なことにソ連軍の損失報告は常に曖昧な状態で発表されている。それも一部の期間しかカバーしていない。スターリングラードの死傷者数は長いあいだひた隠しに隠されてきたが、クルスク戦についても死傷者の本当の数字はあくまでも伏せておこうというのだろうか？

[14] リューディガー・オーヴァーマンス Rüdiger Overmans は、その労作『Deutsche militärische Verluste im Zweiten Weltkrieg—— 第二次世界大戦におけるドイツ軍の損失——』のなかで、1943年7月のドイツ軍死傷者数を71,231名、8月は59,198名としている。これらの数字は、著者が本文で紹介した数字の確かな裏付けになるだろう。

[15] これで思い出されるのはドイツ兵の古い言いならわしである。曰く「戦友よ、きみが撃つなら、おれは糧食と弾薬を持ってこよう」。今の時代の軍隊では戦闘部隊と兵站部隊の比率が1：10であることも珍しくない。

342ページと同一の車両を別のアングルから。

第216突撃戦車大隊など、一部の部隊では確かに損失率は高かった。

これらの突撃戦車は、敵から見れば非常に価値ある標的であり、砲撃の優先目標に指定されていた。

ソ連軍は、ドイツ軍の損失を裏付けるため、秋になってから撮影した写真まで使用しなければならなかった。このIV号戦車にはツィンメリット耐磁性ペーストが塗布されているが、工場での生産段階でこの措置が実施されるようになったのは1943年9月の終わりからだ。そして、それらの車両が前線で見られるようになったのは、さらにそれ以降ということになる。

確かにソ連軍は偉大な勝利を獲得したかもしれないが、彼らは高い代価でそれを購ったのだ。

その埋め合わせになるようなものは、ほとんどないに等しかった。作戦期間中に獲得された捕虜の数にしても非常に少ない。

同じ戦車師団でも違いははっきりしている。比較的多くの損失を出したと言えるのは、第2戦車師団と第18戦車師団の2個のみ。写真は第4戦車師団のIV号戦車だが。

鹵獲装備に関して言えば、当初それらはもっぱらソ連側のプロパガンダ目的で使用された。これはもと第5戦車師団所属のIV号戦車だが、何回写真におさめられたかわからない。

題して「真の勝利者」といったところか。こうした悪趣味な構図さえ、恥ずかしげもなく利用された。このように、片腕と両脚を失った傷痍軍人まで宣伝のために引っ張り出してくるほどだから、愛国心を煽るのに何の制約も設けられていなかったのは周知のとおり。

だが、ソ連側は自身の損耗数については沈黙を守った。その陰に、このKV-1のクルーのような犠牲者がどれほどいたのかは、今もって不明である。

個人崇拝を促すことに関しては、ドイツ側も負けず劣らず熱心だった。ルーデル大佐もその崇拝対象のひとりに祭り上げられていた。

撃墜されたユンカースJu87Dを、もの珍しそうに検分するソ連兵。

通信障害が部隊の作戦行動に混乱を引き起こした例も散見された。とは言え、この野戦用携帯無線機（Feld Fu.b）のような各種無線装置が悪いのではなく、原因はむしろ操作する側の経験不足に求められるべきではなかったか。現に第20戦車師団をはじめ、多くの部隊では、この無線機に関して、何の問題も抱えていなかった。

兵站上の問題も数々存在した。優秀な火器だが“大食らい”で知られるMG42機関銃の弾薬補給はその一例だ。この機関銃は、発射速度が驚異的に速かったので（理論上は1,200発／分）弾薬ベルトが瞬時に消費されてしまい――心配性の銃手がこれを扱う場合は特に――、結果として補給が追いつかず、問題が浮き彫りになった。［グロースドイッチュランド師団の機関銃班の写真であるのは前述のとおり］

戦況および死傷者数の評価がそれなりになされたにもかかわらず、ドイツ軍の前線輸送能力には、何の改善も見られなかった。この半装軌式大型貨物自動車のマウルティーアなどは例外だが。［フォードV3000Sトラックをベースに、後輪を履帯に変更したマウルティーア、Sd.Kfz.3b 。知名度のわりには数が多く、ほぼ14,000両が生産されている］

『ツィタデレ』作戦の失敗に真っ先に責めを負うべき人物は……

中央軍集団司令官フォン・クルーゲ元帥だろう。彼は作戦のいちばん熱心な提案者であり、ヒットラーを説得できる立場にもあったのだから。作戦が実行に移され、失敗に帰した最大の原因は、彼が戦況に関する現実的な知識をまったく欠いていたことにある。

付録1
ヴェーバー曹長による戦闘報告

私たちは、すでに何日も車内にこもったままだったが、夜間に仮眠を取る機会が持てたことを喜んでいた。休養は確かに日々命令には含まれていなかったということだ。

早朝、敵戦車部隊の出現が報告された。出撃命令が出たとき、私たちはまだ寝ぼけ眼《まなこ》で、眠気を振り払う暇《いとま》もなかった。長い丘陵地帯を確保しなければならなかった。その隅々まで、あらゆる口径の火器で埋め尽くされているような高地で、その背後には敵戦車部隊が控えていた。私たちは、想像を絶するほどの敵火の雨の向こうに見える高地へと前進した。

やがて大隊は敵の側面をつくべく、街道から脇道に逸れた。その過程で、私たちの車両は起動輪に、次いでエンジンに命中弾を受けた。乗員と搭載火器は無傷だったが、車両は走行不能になった。ロシア兵をあざむくため、私たちは射撃をやめ、死んだふりを決め込んだ。この計略はうまくいった。敵兵は私たちを放っておいてくれた。多分、私たちがもう死んでいると思ったのだろう。

大隊が敵と死闘を演じているなか、私たちはぽつんと取り残されていた。だが周囲を見渡して、何が起ころうとしているかわかったとき、私たちは驚きのあまり目を剥いた。不意に4両のT-34が現れたのだが、その動きから判断するに、大隊の背後に食いつこうとしているのは明らかだった。彼らは方向転換し、まっすぐに私たちの車両に迫ってくるように見えた。

私たちの車両は停止したままで、主砲は反対方向を向いていた。そのため、彼らは私の車両が交戦不能と思ったようだ。4両が迫ってくるのを見ていると、奇妙な感じがした。だが、私たちは平静を保っていた。そして、彼らが100m以内まで近づくのを待ってから、素早く先頭のT-34を照準器におさめ、トリガーを引いた。

そいつはぴたりと停止し、煙に包まれていた。もう1両は、それに気づいた様子さえなく、そのまま走り続ける。その時点で、彼らは私たちの車両のすぐ横を走り抜けようとしていた。ここが正念場だ。2発目と3発目についても、私たちは幸運だった。それぞれ直撃弾となり、2両のT-34がほぼ同時にパッと燃え上がった。残りの1両は、僚車と運命をともにするつもりはなかったらしく、逃げて助かろうとしていた。

その最後の生き残りに徹甲弾という土産を持たせてやろうと思った瞬間、私たちが初弾をお見舞いしたT-34が動き出した。これには驚かされた。煙に包まれていたので、てっきり動けなくなったものとばかり思っていたが、息を吹き返したらしい。背筋に冷たいものが走った。私たちの主砲は、逃げ去ろうとしているT-34の方に向けられたままだったからだ。

「砲塔、左に旋回！」と私は砲手に怒鳴った。生き返ったT-34は、フルスピードで突進して来る。「旋回不能！」というのが砲手の返事だった。万事休す。私たちの運命もこれまでか。今にも直撃弾が飛び込んで来るかもしれない。しぶとい悪党がすぐ横15mばかりのところを通り過ぎるのを、私たちは息を詰めて注視した。相手は走りながら私たちに向かって4発撃った。

幸運にも、一発たりとも決め手にはならなかった。どこも貫通されなかったし、誰も負傷しなかった。その代わり、私たちは煙に飲み込まれた。だが、そのおかげで相手は私たちを始末したと思ったらしい。いずれにしろ、もう私たちには何の注意も払わなかった。しかし、それが彼らの最大のあやまちだった。

相手は第59機甲擲弾兵連隊の陣地に向かって行った。それは私たちの後方400mほどのあたりに敷かれていた。相手がそこに突入したとき、私たちは砲塔の旋回機能不全を解決できた。私たちは再び狙いを定め、それが今度こそ相手の運命を決定づけた。徹甲弾2発をたたき込むと、相手は炎上した。今度は確実に撃破した。擲弾兵たちは言うまでもなく混乱状態にあったので、彼らを救ったことにもなる。私たちは信じがたいほど幸運だったし、こうしてまた運命の魔手から逃れることができたのだった。

[原著編注／ヴェーバー曹長は1943年8月16日に騎士十字章を授与された。当時彼は第21戦車大隊第2中隊の分隊長だった。]

付録2
師団作戦将校の所見——抜粋——

フォン・クルーゲ参謀勤務中佐

……シェーネベック大隊（第52機甲擲弾兵連隊第Ⅱ大隊）を訪問した際、作戦将校は過去数日間における戦闘の状況の全体像を得た。何よりも、同大隊の過去数日間の失敗の原因を特定するのが彼の目的だった。

参謀勤務中佐フォン・クルーゲ：
個人的介入と後方連絡の欠如により、大隊戦区の実際の状況について、連隊が正確に知らされていなかったのは明らかである。その一方で、同大隊は決して盤石堅固の状態とは言えず、とにかく誰か1名でも後退のそぶりを見せれば、瞬時にしてそれが全体の後退行動に拡大する傾向を示していた。また、残念ながら、そのような行きつ戻りつの展開によって、死傷者数は著しく増加した。

第101機甲擲弾兵連隊第I大隊の訓練について、新任の連隊長代理ペーターゾン少佐と協議が持たれた結果

参謀勤務中佐フォン・クルーゲ：
戦闘未経験の補充兵が多数を占めることから、連隊が休養陣地にある際は、隷下中隊を1度に1個ずつ引き揚げ、師団戦闘指揮所の後方地区で戦闘訓練を実施するものとする。

しかしながら、この異例の措置は実現しなかった。なぜならば、1830時、軍団参謀長が師団長に対して「第18戦車師団は戦線離脱のうえ、他戦区へ移動することになるだろう」と指示したからである。

付録3
オリョールの戦車戦

従軍記者ギュンター・ヘルプストの記録

私たちが戻ったのは深夜だった。夕闇迫る頃から、ボルシェヴィキの戦車部隊と射撃戦を展開していたのだった。そのさなか、私たちは戦車1両を撃破した。疲労困憊した私たちは、突撃砲の下に潜り込んで、死んだように眠りこけた。敵機が来襲しても、私たちを起こすことはできなかっただろう。

そして0330時。30分で出撃態勢を整えねばならなくなった。中隊長が大隊長との協議から戻ってくるなり告げた。「“XYZ”機甲擲弾兵大隊は突撃砲大隊の支援のもとに“K”町を奪取すべし。つまり、その支援が我々の任務だ。」出撃命令が発令されたとき、各車両は辛うじて給油と給弾が済んだばかりだった。その後すぐに無線を通じて大隊長の声が響き渡った。
「第1中隊、用意はいいか……中隊、出撃！」
私は堂々たる巨人の一群が列をなして穀物畑をゆっくりと踏み越え、最前線の攻撃陣地に向かう様を眺めた。
集落背後の高地の掩護下にある広々とした原野のあちらこちらを押し進む重装備の大群、その数はもはやさだかではなかった。彼らは私たちの左右で攻撃を展開するはずだった。私たちはまだ縦隊を崩さずに、じりじりと前進した。各砲の乗員のヘッドフォンに中隊長の落ち着いた声が流れた。
「各砲に告ぐ、こちら中隊長。第1小隊、中央に占位、第2小隊は左、第3小隊は右を進め！」

機甲擲弾兵部隊は、すでに攻撃発起点で攻撃開始の号令を待っていた。そのとき、まさしく満を持してシュトゥーカの編隊が北の空から飛来し、私たちの前方わずか3㎞の村に急降下で襲いかかった。瞬く間に、煙の壁が上空まで立ちのぼる。
その間にも中隊長の声が私たちの耳に届いていた。
「中隊前進、攻撃開始！」
全員が、一度ならず彼を見た。彼が自身の搭乗砲の車上にすっくと立ち、指揮下にある全砲を確認している様子を。
私たちは丘陵の稜線を越えてゆっくりと進んだ。煙の壁はもう消えている。点在する木立と、そのあいだに眠る集落が、なだらかな下り斜面の彼方に見えてきた。その後ろでは地形がまた大きく持ち上がって、樹木もまばらな高地になっている。
無線から大隊長の声が流れた。「“狐の巣”1へ、こちら“狐の巣”指揮官……村とその横の窪地は敵戦車が占拠している模様！」
それを受けての中隊長の指示は短くも適切なものだった。「徹甲弾装塡のうえ待機！」
装塡手が機械のような動きで砲弾を送り込む。閉鎖機がピシャリと閉められた。
各自の双眼鏡が、一斉に目指す村と、その横の窪地へ、そしてその背後の高地へと向けられる。一方、私たちの背後では、

ボルシェヴィキの近接支援機が、私たちに後続する戦車部隊の攻撃陣地に襲いかかっていた。周囲に砲弾が着弾しはじめた。中隊長の搭乗砲——とはつまり私が同乗した砲なのだが——は、他の砲に先駆けて前進していた。擲弾兵部隊は、ほとんどついて来られなかった。

「止まれ！」
ガクンと巨体をひと揺すりして、突撃砲は停止した。向こうの窪地に何か黒い点が6個——いや7個見える。中隊長は最初の発見者だった。敵戦車だ！　砲手に向かって簡潔な射撃命令がくだされる。「準備できたら撃て！」
「準備完了！」
雷鳴のごとき大音響とともに、砲弾が放たれる。戦車相手の射撃戦が始まった。
他の突撃砲も射撃を開始した。ボルシェヴィキは即座に反応した。前方で砲口焔がちらつき、私たちの横をかすめて飛ぶ砲弾の唸りが聞こえた。狩人の本能が全身で目覚めるのを感じる。私たちは撃って撃って、撃ちまくった。

私たちは双眼鏡を目に押し当てたままだった。敵を注視しつづける私たちの身は、鋼鉄の盾に守られている。
彼方では、真っ先に仕留められたボルシェヴィキの戦車が、オレンジ色の炎を噴き上げた。
「命中だ！」大隊長が叫んだ。その声は、ザアザアいう無線の雑音と、それにかぶさる戦闘音とに紛れながら私たちの耳に届いた。命中だ！　やったぞ！
そして、また新しい標的！
装塡手は早くも汗だくだった。砲撃は続き、空薬莢が外に放り出される。またしても命中、命中だ！　双眼鏡をとおして、ボルシェヴィキどもが脱出するのが見える。戦闘に参入した機関銃の発射音も辛うじて聞き取れた。私たちの突撃砲の鋼鉄の車体を、すでに何発もの対戦車砲弾が叩き、そのたびに甲高い音が響いたが、私たちは気にしていなかった。たまたま大口径の砲弾がどこかに当たったときだけ、突撃砲の巨体は一瞬だけ、仕方なさそうに震えた。

「移動開始！」
敵火にも怯むことなく、突撃砲はまた動き出した。あたかも騎手の意を受けて走る馬のごとく、突撃砲は指示されるとおり右へ左へ従順に機動し、やがてひと山の乾草堆の陰に停止した。
戦闘は今や最高潮に達した。巨大な陸亀を思わせないでもない、ずんぐりした突撃砲は、それぞれ照りつける陽光のなかに布陣している。その砲口から、ひっきりなしに炎が噴き出した。各車長からの「撃破！」の報告が次々に届く。大隊長の、ぶっきらぼうな褒め言葉、続いての指示がくだる。

そして私たちは、再び前進した。高地の頂上へ——少なくとも、私たちにはそのように見える場所へと。見下ろせばそこには、匍匐前進し、時には立ち上がって走りながら、徐々に前へ進む擲弾兵たちの姿があった。私たちの周囲では、あらゆる口径の砲弾や銃弾が金切り声をあげ、または低く唸り、空気を震わせ、切り裂いて、縦横に飛び交っていた。敵戦車の数にはきりがなく、倒しても倒しても次々と新手が登場した。

※※※

私たちは6両目を撃破したところだった。これは私たちにとって4両目のT-34にあたる。だが、敵の砲撃はますます激しく、砲弾の飛ぶ音さえ、いやがうえにも威嚇的な調子を帯びていた。あれを見ろ、またT-34だ。私たちは、そいつを照準器に捉えた。近弾だ……今度は行き過ぎたぞ……いや、もっと右だ。相手も撃ち返す。煙の壁が相手の姿を何度も隠した。距離は1,000mもないはずだった。これまでの獲物は2,000m余りの距離から仕留めてきたというのに！　私たちの次の射弾は、相手の真ん前に着弾した。
「しくじった！」と砲手が叫んだ。
その瞬間だった。強烈な一撃が車体を揺らした。砲弾片が音をたてて周囲に飛び散った。そして、もう一発。衝撃と大音響。「外に出ろ！」中隊長が叫んだ。「出ろ！　降車だ！」
稲妻のような素早さで、私たちは外に転がり出た。冷たく湿った草のなかに身を躍らせ、そのまま地面に体を押しつけて、ゼイゼイとせわしなく呼吸し、立ち上がって走り出そうとすると……後ろから操縦手の悲鳴が聞こえた。「助けてくれ！　助けてくれ！」
「戻れ！」と中隊長は叫ぶなり、敵火をかいくぐって、隣に占位していた突撃砲へ駆け寄った。彼のズボンは血まみれで、ぼろぼろに破れていた。彼は怒鳴った。「発煙弾！　発煙弾だ！」
隣の砲のクルーに聞こえただろうか？　彼の声は、戦闘音にかき消されていた。だが、また別の砲の車長が、中隊長の姿を認めたらしい。彼はヘッドフォンをむしり取り、車長席から身を乗り出して、中隊長が何を言っているのか聞き取ろうとした。
「発煙弾！　発煙弾！」

発煙弾が放たれた。中隊長は駆け戻ってきた。その間に私たちは、操縦手のブーツを切り裂いて脱がせ、彼を砲の陰に寝かせた。それに向かって、ボルシェヴィキどもは気でも違ったように撃ってくる。だが、それはビクともしなかった。それはどこまでもどっしりと構えていた。頼もしく、どっしりと、私たちの盾になって、私たちを守ってくれていた。私たちの巨大な鋼鉄の戦友は！
ほどなく、発煙弾の煙が砲と私たちを包んだ。その瞬間、私たちの周囲では砲撃音が聞こえなくなった。誰か聞いた者がいるだろうか、怒ったスズメバチのように、ブーンと唸りながら飛んでくる砲弾の音を？　誰か感じただろうか、自分たちが死と隣り合わせだなどと？　とてもそんな風には思えなかった。

戦友の傷に砲手が包帯を巻いてやっていた。周囲で何事も起こってはいないかのような、のんきな、落ち着き払った態度で。中隊長も負傷していた。残りの乗員は、もっと発煙弾を撃ってくれるよう僚車に頼むため走って行った。私たちは突撃砲をも救出したかった……いや、救出しなければならなかった。

そこへ、別の突撃砲が猛スピードでこちらに近づいてきた。私たちは牽引用ケーブルを取り外し、それを僚車に放った。私たちの砲は僚車につながれた。再び、落ち着いた声が聞こえた。僚車からだった。「後退開始、掩護頼む！」

私たちの砲は、戦友に牽引され、じりじりと後退した。激戦のさなかの戦友愛が、ここに花開いたのだった。負傷した操縦手は、車体前部に寝かされていた。私たちは高地の頂上まで戻り、反斜面陣地に待機していた戦車回収車に辿り着いた。そこでは、また別の突撃砲が弾薬補給の真っ最中だった。車長は老練の上級騎兵曹長だった。彼が戦果を報告する声が私たちにも聞こえた。「5両やっつけたぞ！」と。

私たちは、しばしの休憩を取ることができた。砲のすぐ脇で、私たちは残っていた煙草と水筒の水を分け合った。車体の随所に華々しい被弾痕が認められたが、それにもかかわらず、砲はまだ瀕死の状態には至っていなかった！　私たちは、黒く煤けた顔を互いに見合わせた。見合わせて……笑い出した。俺たちは生きている！　このとおり、まだ生きているぞ！　生きているってのは素晴らしいことだ、あんな激戦のあとでも、こうして生きていられるってのは――！

「大隊長に報告だ。」ようやく私たちの応急手当てを受けたあと、中隊長はそう言って立ち上がった。私たちは大隊長のもとに出頭した。大隊長は彼の搭乗砲とともに本部に戻っていた。もとボルシェヴィキの塹壕だったのを転用した大隊本部で、大隊長と中隊長は向かいあわせに立った。

「K…中尉、病院へ出頭したく、ここに申告いたします！」中隊長は、それぞれの持ち場で勇敢に戦った彼のクルーのことも考えて、こう言ったのだった。大隊長は中隊長に手をさしのべた。このふたりは、いくつもの激戦をともにくぐり抜けてきた仲だった。それから大隊長は、中隊長の胸に輝く金の戦傷章にちらりと目をやった。

「これで6回目です」と中隊長は笑った。

「大事にしろよ！」

大隊長は付け加えて言った。「我が大隊は、今日すでに20両の敵戦車を撃破した。まだ報告の届いていない分もあるから、数はもっと増えるだろう。今のところ君がトップだがな！　ご苦労だった！」

付録4
救急車両の活躍

大隊軍医の車両は、いつものようにそこにいた。危険など関知せずといった調子で、掲げられた赤十字の旗を陽気そうに微風になびかせて。

つまり、私たちの車両は部隊の先頭に立っていたのだ。兵隊の俗語で言うところの「戦友の前で尻を揺らして」いたわけだ。何だって、こんなに前を行くのだろう？　私たちに発砲は許されていないのに。第一、私たちの車両は砲を搭載していない。私たちの唯一の武装は、腰の拳銃だけだ。Dr.シュルツ-メルケルはやはり車上の人となっていた。

彼は、私たちが「いささか神経質になっている」と言うのだった。そして、操縦手に向き直って告げた。「ちょっと待った。誰か降りたい者がいるようだぞ！」

それは明らかに私のことを指していた。少し前に、私は彼につい言ってしまったのだ。「もし我々が真っ先に撃たれてしまったら、いったい誰がみんなの手当てをするんですか！」と。

「ハンネス、このまま行ってくれ。馬鹿げた冒険かもしれないが、かまうことないさ。」

どのみち私は自分の役目を果たすだけだ。そこへ、別の声が無線で割り込んできた。指揮戦車からの送信だった。マインラート・フォン・ラウヒャート大隊長がこう言ってきたのだ。「軍医殿、それから衛生兵諸君、そんなに自殺したけりゃ、どうぞ先に行きたまえ。そうでないなら、さっさと引っ込め、この馬鹿者どもが！」

それだけだった。だが、この短い小言は、意外にも軍医殿の骨身にこたえたらしい。イーヴァーンの砲弾が、私たちの小型装甲救急車両が進もうとしていた方角の、はるか彼方で炸裂しはじめたとき、彼の「戦火のなかに飛び込んで行きたい」病は、無理に抑えつけられたせいで、かえって悪化していた。彼は車長用ハッチをバタンと荒っぽく閉めた。無線がまた割り込んできた。

無線手席のフッチェンロイターが、負傷者が発生したらしいと告げた。左側だ……約300mのところ……小屋が一軒見えるだろう……あの後ろに被弾したII号戦車がいる……。

ハンネスが車両を早速そちらに向けた。指示された小屋まで辿り着くと、何が起こったか私たちにもよくわかった。その戦車は、ほとんどまっぷたつにちぎれていた。操縦手は、もう救いようがなかった。死んでいたからだ！　残りの乗員は、全身傷だらけで、ひどく出血していた。

私たち3人――軍医殿とフッチェンロイターと私――は、サッと飛び降りた。医療助手たる私たちは、それぞれに包帯やらアンプルやら注射器やらが入った鞄を肩にかけていた。軍医殿も自分の鞄を提げていたが、こんな大規模な作戦に携帯するには、どう見ても小さすぎた。

私たちは負傷者を知っていた。いちばん重傷だったのはフリッツだ。右大腿部の静脈が切れて、血が噴水のようにほとばしっている。まず、脚を縛って止血してから、傷の処置だ。カールとフーゴーの傷は浅く、骨や内臓にまでは達していなかったので、手当ては早く済んだ。

若者たちが血を流しながら死んでゆくのは、見ていてつくづく悲しい。だが、それこそが戦争の要求する貢ぎ物なのだろう。フリッツは、私たちの車両の後部デッキに寝かされた。向こうから砲牽引車が近づいて来ようとしていたので、私たちはそれに合図を送った。ロシア軍の砲弾が、周囲の地面に次々と大穴を開けていた。土くれや何かの金属片がバラバラと音をたてて降ってきて、私たちの車両に当たった。負傷者はずっと震えていた。それは傍目にもはっきりわかった。いずれにしろ、彼らは病院へ運ばれる途中なのだし、これ以上悪いことが起きるようには思われなかった。

「もっと急げ、ハンネス！」軍医殿が怒鳴った。「さもないと、私たちも負傷者も狙い撃ちされるぞ！」

だが、本当にカールが頭を撃ち抜かれ、車両から真っ逆さまに転がり落ち、忌まわしいロシアの大地に沈んだとき、軍医殿はほとんど言葉を失ったようだった。

負傷し、救出され――それなのに、結局は殺されてしまうとは！

付録5
兵力と装備の現員報告

部隊：	第4戦車師団
配属先：	第XXXXVI戦車軍団
報告対象期間：	1943年7月1-31日

1. 報告日現在の兵員の現況：

a）不足人員数

将校：	部隊で51名、輸送部隊自動車部門で2名、医療部隊で1名。
下士官：	630名。
兵：	1,849名。
ヒーヴィース（志願補助員）：	418名。

b）当該期間中の死傷者その他の損耗人員数

	戦死	負傷	行方不明	疾病	その他
将校	26	62	8	8	1
下士官・兵	398	1,764	87	154	13

c）当該期間中に到着した補充人員数

	補充	快復
将校	61	-
下士官・兵	772	535

2. 装備の現況

装備	装甲車両				車両								兵器			
					二輪		野戦乗用車		トラック							
	Ⅲ号戦車	Ⅳ号戦車	A	B	C	D	E	F	E	F	G	H	I	J	K	L
定数	2	92	212	30	—	970	682	134	848	716	3,100	186	52	42	1,088	—
可動（%）	—	32	75	33	—	19	28	108	32	80	54	51	46	57	69	—
短期整備／																
補修中(%)	—	4	3	16	—	6	5	4	4	14	12	2	13.5	12.5	20	—

凡例
A／装甲兵員輸送車、装甲車、砲兵部隊の装甲観測車（ただし装甲通信車両は除く） B／対戦車砲と自走砲 C／サイドカー付き D／その他のオートバイ E／不整地走行能力あり F／市販車 G／積載総トン数 H／砲牽引車 I／重対戦車砲 J／火砲 K／機関銃 L／その他の火器（装備表で定数が特定されていないもの）

3. 馬匹の不足頭数：記入なし

付録6
戦力の定義と内訳——その概略図——

［概略図は次ページ下に掲載］

●野戦軍の全部隊、各関連部署と施設に適用可。
配備兵力；ある特定の部隊に配備された兵員の総数を示す。
a）賜暇中の兵員。
b）他の部隊で特別任務に就いている兵員。
c）傷病兵（8週間を越えない者）。
d）余剰人員。

日々現員：日報の報告期日に任務投入可能な兵員の数（志願補助員と、他の部隊からの特務派遣兵員を含む）。

●各作戦部隊（師団および旅団）のなかの戦闘部隊、より上級組織のなかの戦闘部隊に適用可。その他、直接的な戦闘任務に投入された場合に戦闘力を行使し得る部隊。

・師団司令部の日々現員：師団軍楽隊、師団地図班、憲兵隊を含む。ただし作戦参謀部は除外。兵站要員：戦闘部隊の段列（行李、糧食段列、戦闘段列、装備編制表44号に指定のある砲兵の補給部隊）。整備部隊：段列・整備地区に配された部隊の兵員。

・戦闘部隊の日々現員（野戦補充大隊を含む歩兵、騎兵、砲兵、機甲部隊、機甲擲弾兵、機甲偵察、戦闘工兵、戦車駆逐、ネーベルヴェルファーの各部隊、通信要員、師団司令部の参謀部）。
以下は員数外：（上記の段列部隊すなわち行李、糧食段列、戦闘段列、装備編制表44号に指定のある砲兵の補給部隊）；整備部隊；段列・整備地区に配された部隊の兵員。
以下は員数内：戦闘車両の操縦手、操縦助手。たとえば砲牽引車のほか火器弾薬の各種運搬車両（砲兵の第1弾薬梯隊）を含む。

・擲弾兵連隊の連隊戦闘指揮所の後方に配される部隊の兵員。一般に、以下の兵員を含む。
a）馬匹牽引車両、野戦乗用車その他軍用車両の運転手／操縦手（戦車、突撃砲、装甲車、自走砲の操縦手は除外）。
b）馬匹飼養員、その他専門技能を有する下士官・兵卒（常勤でない者、戦闘に直接投入されることのない者）。
c）砲兵連隊、ネーベルヴェルファー連隊の本部要員、戦車駆逐大隊、工兵大隊の本部要員。
d）通信要員（各部隊あるいは部隊間に配され、戦力として数えられる要員は除外）。

・擲弾兵連隊の連隊戦闘指揮所の前方に配される部隊の兵員。一般に、以下の兵員を含む。
歩兵および騎兵部隊（軽歩兵大隊、偵察大隊含む）：
小銃兵（歩兵）、軽歩兵、山岳歩兵中隊；偵察、自転車、騎馬、重装備部隊；機関銃、迫撃砲、歩兵砲、戦車猟兵、重中隊；対空砲中隊；野戦補充中隊；歩兵大隊本部；騎兵大隊本部；偵察大隊本部；歩兵または騎兵連隊の通信、自転車、騎馬、工兵小隊；歩兵または騎兵連隊本部。

・火砲およびネーベルヴェルファー部隊：
砲側員として射撃陣地に配される兵員、観測所に配される兵員；大隊本部；大隊通信小隊；砲兵射撃支援部隊；各大隊に派遣される連隊本部通信小隊の兵員（射撃陣地もしくはその前方に配された場合）。

・戦車および機甲偵察大隊：

可動戦車の乗員（連隊本部車両の乗員を含む)、突撃砲、装甲兵員輸送車の乗員；戦車大隊本部。

・機甲擲弾兵部隊：

機甲擲弾兵中隊；擲弾兵中隊(自動車化)；重中隊；歩兵砲中隊；対空砲中隊；野戦補充中隊；機甲擲弾兵大隊本部；機甲偵察大隊本部；機甲擲弾兵連隊本部；連隊本部中隊。

・戦闘工兵部隊：

工兵中隊。

・戦車駆逐部隊：

射撃陣地に配される乗員、観測所に配される兵員。

・通信要員：

各部隊あるいは部隊間に配された通信小隊または分隊。通信連絡、偵察の任務を帯び、戦力として数えられる要員。

・注記：

現に活動中の警戒部隊の段列ならびに兵站要員は、戦力とみなされる。

・以下は員数外：

a）馬匹牽引車両、野戦乗用車その他軍用車両の運転手；馬匹飼養員；専門技能を有する下士官・兵卒（常勤でない者、火器を携えての戦闘に直接投入されることのない者)。

b）段列部隊の兵員。

c）賜暇中の兵員；傷病兵；他部隊へ特務派遣中の兵員。

・以下は員数内：

a）戦車、突撃砲、装甲車、自走砲の操縦手。

b）伝令兵、騎馬伝令兵、自動車運転手。

c）部隊に同行する医療要員。

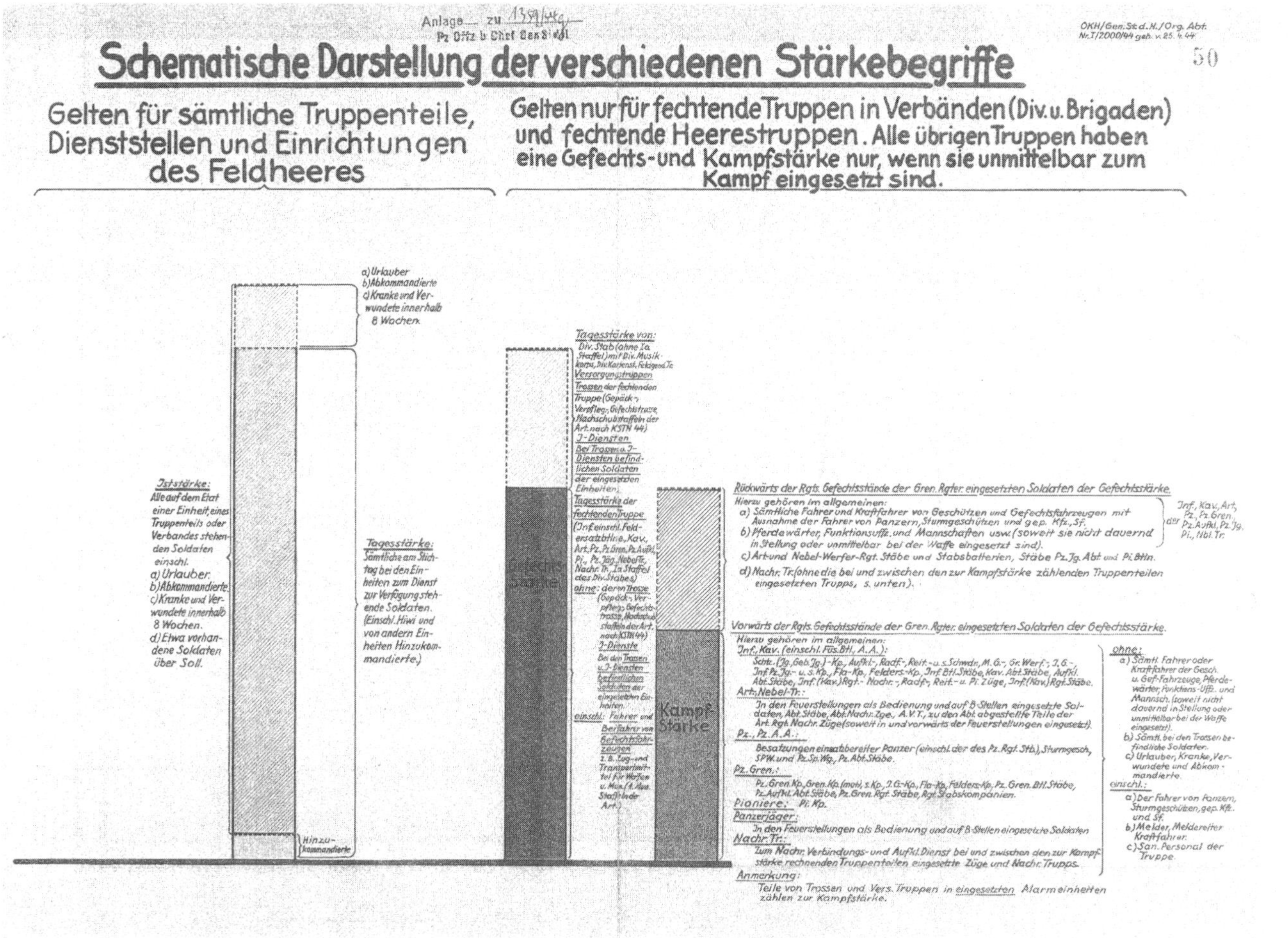

付録7
第9軍の事後報告

1943年7月5日、爽快な夏の一日、クルスク突出部を狙って入念に準備された『ツィタデレ』攻勢作戦の発動を控え、第9軍は行動を開始した。その意図するところは、同地区に集結しつつあった敵の一大戦力を打破し、南方軍集団の攻撃部隊との連携のもと、出来得ればこれを包囲殲滅することにあった。

戦車部隊の楔の主力たるべく結集した第ＸＸＸＸⅦ戦車軍団は、初日の突進で、敵の強固な防御陣地帯に14kmの深さまで食い込んだ。同軍団の右側面は第XXXXVI戦車軍団、左側面は第XXXXI戦車軍団により掩護され、さらにルフトヴァッフェの大戦力による大々的支援も得られた。結果、ロシア軍戦線は幅30kmに渡って切り崩された。しかしながら、攻撃2日目に入って、敵の抵抗わけても砲兵火力による抵抗が急速に強化された。

敵は自らの戦力をきわめて粗暴な手法で投入し、現地の予備戦力あるいは膨大な作戦予備戦力をことごとく蕩尽することで、開豁地におけるドイツ軍の突破を阻止しようと図った。

攻撃2日目、敵はドイツ軍機甲部隊の進撃先鋒に対して、急遽呼び寄せた1個戦車軍団と2個親衛狙撃師団を投入した。さらに後方から数百両もの戦車が、ドイツ軍の攻撃重点を目指して押し寄せた。結果、数日間に渡って戦車戦が展開されることになったが、ここにおいてドイツ軍の「戦車隊精神」の優位が立証された。強力かつ熱意あふれる指揮のもと、攻撃部隊は敵の防衛重点に向かって押し進み、ニコーリスコエ、オリホヴァートカ、ポヌィリに至った。

7月7日、敵は絶えず増強されつつあった各防衛拠点から、統一的な大規模反攻を開始した。だが、彼らの目論見は膨大な人的損害を出して、ひとまず潰えた。

部隊の再編と増強を経て、チョープロエ〜オリホヴァートカ〜ポヌィリ方面を目指して展開された攻撃は、幅10kmに渡って確実な前進をみた。その後“攻撃部隊”は丘陵地に構築され、地雷を敷設して著しく強化された敵防御陣地に行き当たった。同地には埋設戦車群のほか各種の対戦車火器が密集し、これがためドイツ軍の正面攻撃は数日間停滞した。

ここに戦闘は劇的な頂点を迎え、軍集団は第12戦車師団と第36歩兵師団（自動車化）を増強部隊として攻撃部隊の一翼に投入した。これは軍司令官の緊急要請に基づいて実施された措置である。

部隊の再編および新着部隊の編入を経て、南西方面への突破を完遂すべく攻撃続行が企図された。攻撃重点は第XXXXVI戦車軍団戦区である。

7月11日、第9軍は、その作戦地域外で生じた諸般の事情により、攻撃中止を迫られた。対するに敵は、第2戦車軍に向けて、広正面態勢で攻勢に踏み切った。ソ連邦指導陣はオリョール突出部を狙いとする長期計画に基づいた大規模攻勢作戦を発動したが、おそらくこれは『ツィタデレ』に触発された結果、当初の予定を早めて決行されたものと見られる。

敵はノヴォシーリの西、ボールホフの東、さらにウリヤーノヴォの北西において、圧倒的優位の大軍をもって第2戦車軍を攻撃し、14個歩兵師団および1個戦車師団により維持されていた脆弱な前線を48時間で広範囲に突破、深さ10kmまで食い込んだ。

この状況に接して、軍集団は、オリョール突出部深奥にまで迫った突破の脅威を除去すべく、ただちに第9軍の攻撃部隊をこれに差し向けざるを得ないと判断するに至った。オリョールを失い、この交通の要衝からひろがる鉄道網や道路網を封鎖されれば、第9軍の兵站業務全体が一挙に滞ると予想された。そうなれば、ドイツ軍の攻勢は行き詰まり、さらにはオリョール突出部の2個軍の大部分が包囲の危機にさらされることになろうと思われた。

結果として、7月12日、軍集団は第9軍に対して、第12・第18・第20戦車師団、第36歩兵師団（自動車化）、フェアディナント重戦車駆逐部隊、その他1個重砲兵大隊を戦線離脱させ、速やかに第2戦車軍へ派遣するよう発令した。

だが、その本来の目論見——このように相当規模の増強部隊を迅速に投入することによって、第2戦車軍戦区における危機的状況を数日のうちに収束させるとともに、第9軍には攻勢を継続させる——は、7月13日の時点で放棄されざるを得なかった。同日、第2戦車軍に対する敵の攻撃の規模から察するに、彼らの作戦目標は、大規模攻勢を実施することによってオリョール突出部全域を壊滅させることにあるのが明白となったからだ。予想される敵の作戦企図については添付地図4番を参照のこと。

[原著編注／本報告書のコピーには、以下の一文に判読困難な箇所が含まれている。そのため、英訳にあたっては正確な逐語訳は不可能であり、あくまでも大意はこのようになるということでご了解いただきたい。]

この大詰めの段階で、軍集団は——総統の認可を得たうえで——モーデル上級大将を第2戦車軍司令官に任命したが、第9軍の指揮権も同上級大将がそのまま保持した。結果として、オリョール突出部のすべての部隊の指揮系統は一本化された。

[原著編注／次の一文にも判読困難な箇所が含まれている。大意は以下のとおりである。]

第2戦車軍に対峙する敵に関連して、モーデル上級大将が明らかにした個人的見解によれば、同上級大将はオリョール突出部のドイツ軍の大規模な再編を決定したとのことである。その第一歩として、第2戦車師団以下2個突撃砲大隊、2個重砲兵大隊、1個ネーベルヴェルファー大隊が第9軍の作戦地域から引き揚げられることになった。その結果、48時間にして東部戦線のそれなりに広い範囲でドイツ軍の陣容は根本的に変化した。戦闘の重点は、急遽第2戦車軍の作戦地域へと切り替わった。

しかしながら、同地域における危機的状況は、雪崩のごとき勢いで拡大した。事態収拾の唯一の手だては、そのために差し向けられた部隊を一刻も早く戦線投入することだった。したがって、第9軍ならびに第2戦車軍司令官は、戦闘中の部隊を可能な限り引き揚げ、戦区移動中の部隊については特に行軍実施を急がせるなどの緊急指示を出した。

かくて、待ち望まれた増強部隊は道路鉄路を問わず、あらゆる輸送手段を駆使して行軍を開始した。フィーゼラー・シュトルヒに搭乗した参謀本部将校を含め、数多くの交通統制部隊が出動し、渋滞する道路で行軍の円滑化に努めた。

現地に即応予備部隊が投入されたのち、第12および第18戦車師団は、まずこのような状況でボールホフ北東およびウリヤーノヴォ北の危機的様相を呈した戦区に投入されたのだった。トラック積載部隊の第36歩兵師団（自動車化）と第8戦車師団は、強行軍で前線へ移動し、7月15日には第2戦車師団がそれに続くことになった。

7月13日、オリョール東に、アルハンゲリスコーエ東〜コチェーティ〜バラーノヴォ〜メドィンを結んで、暫定的ではあるが連続した戦線が構築された。これによって、ボールホフ市を直接の狙いとする敵の南西方面への突進は、当面は同市の北東で食い止めることが可能となった。ただし、戦車部隊をともなって南下する敵に相対するだけの戦力は不足していた。そのうえ、ウリヤーノヴォ北方の敵部隊が南東および南西方向に進み、その侵攻地域の拡大を図りはじめた。その結果、第293歩兵師団と第5戦車師団のヴィチョーベツとレセタの両河川沿いの戦区がますます圧迫されつつあることが確認された。

7月15日には、第5戦車師団隷下部隊がクズィン東の作戦橋頭堡を維持していたにもかかわらず、敵はヴィチョーベツ・レセタ両河川を越えて進路を切りひらいている。他方、その間にエーゼベック集団（第18および第20戦車師団の抽出部隊）を南から投入したのが功を奏し、短期間にもせよ、敵侵攻地域の封じ込めに成功した。

戦闘開始当初、作戦レベルから言って最大の脅威にさらされていたのはウリヤーノヴォ北方地域であるかに思われたが、その後、敵の狙いは、戦車部隊の大規模集中投入によって、東からオリョール方面へ決定的突破を果たすことにあるのが明らかになってきた。ボールホフ北東地区における敵の攻勢は著しく不活発になったが、これは戦車部隊が甚大な損失を出したためと思われる。

その間にも、第9軍戦区においては、敵が非常な性急さで反攻攻勢の準備を進めていた。第9軍は、それに対抗すべく速やかに防御態勢を整えた。

7月□日［判読不能］、敵は火砲と戦車、航空機を大々的に投入し、広正面態勢で第9軍に対する反攻攻勢を開始した。彼らはこのために2個狙撃師団のほか、4個独立戦車連隊と1個親衛迫撃砲連隊［部隊名にこそ迫撃砲の名が付くが、主要装備は“カチューシャ”ロケット砲の自走発射器BM-13である］によって強化された1個戦車軍団を、増強部隊として前線に送り込んでいた。これらの部隊は、すでにじゅうぶんな数的優勢を確保した部隊をさらに補強すべく、クルスク突出部の西部地域に投入されたのだった。

敵の主攻は、第XXXXI戦車軍団のほか、第XXXXⅦ戦車軍団の内翼、第XXⅢ軍団を襲った。しかし、我が軍は敵の初回の突撃を激戦の末に撃退、その際、1日で23?両［判読不能］の敵戦車を撃破した。そのうえ、さらに厳しい戦闘が前途に待ち受けていたが、その点は第2戦車軍も同様だった。

まさしくこの状況において、両軍を指揮下におく軍司令官は、第9軍の戦線を攻勢開始時の位置まで引き戻す決定をくだした。これは戦線の縮小を実現することによって4個師団を予備として確保するとともに、かつての陣地線を再活用することを狙ったものである。この決定は、上級指揮系統からも了承を得られた。

三夜に渡って実施された撤退行動は、敵にとっても予想外のことだった。驚愕から立ち直ると、彼らはドイツ軍が新たな防衛線を構築するのを阻止すべく猛然と追撃を開始した。だが、投入可能な戦車をすべて投入し、強大な航空戦力まで駆り出したにもかかわらず、彼らの努力は失敗に終わった。

7月16・17両日、鉄道線路の東側で特に大々的に実施された突破作戦は、我が軍の強固な防衛態勢に直面して、無に帰した。この両日だけで、敵は530両もの戦車を戦場に遺棄することになった。

7月18日朝、第9軍は旧陣地線で防衛態勢を整えた。第2戦車軍戦区の状況は、その重点地域において作戦の山場を迎え、これが7月19日まで続くことになる。新着の（ソ連軍の）第3戦車軍は、手持ちの兵力――勇敢なる数個師団――のみで敵の重圧に耐えていた第XXXV軍団に対し、空前の強度で攻撃を展開した。と同時に彼らは、ウリヤーノヴォの両側で、新たな部隊を投入し、その進出地域の拡張を図った。

この作戦レベルでの危機的状況は、あらゆる可能な手段を講じて、きわどいところで処理された。結論として、7月23日には状況が修復されたとみなして良いだろう。

付録8
第18戦車師団が獲得した戦訓――抜粋――

所見：　およそ3ヶ月ぶりの戦闘の初日にして、再び数々の教訓が得られることになった。すなわち個々の部隊の準備態勢、報告と発令の手順、全兵科の調整・協調。

前述のとおり、新型の装備を扱うに際しての慣熟訓練が不足していたこと、また新任の士官・下士官が多数を占めていたことが、事態をいっそう困難なものにした。とは言え、経験豊富な古参兵が、扱い慣れた装備とともに戦闘に臨んだのだとしても、帰郷休暇から戻ったときの常として、戦場の実態を学びなおさねばならなかったことに変わりはない。

そのうえ、これまでに前例がなかったような消耗戦の顕著な特徴が、この戦闘初日からすべて出揃った。まず第一に、敵の火砲や迫撃砲、その他重火器とロケット弾発射器の効果。また、それにも増して、空からの絶え間ない攻撃と埋設戦車群からの砲撃。このような戦車の投入方法は、必要に迫られて編み出されたものだろう。と言うのも、ソ連軍が新たに導入した戦車部隊の機動的投入は失敗するおそれがあり、また事実一部ではすでに失敗が確認されていたからだ。いずれにせよ、これは兵を“T”に合わせた投入手法であり、攻撃側を驚愕させた。その一方で、敵の歩兵の価値は、かなり低いように見受けられた。

その後判明した事実として、丘陵地の要塞化陣地に対する第XXXXⅦ戦車軍団の攻撃をはねのけるべく、敵はすでに前日のうちに2個戦車旅団、2個狙撃師団、1個砲兵師団、1個対戦車砲旅団を前線に投入していた。敵の側もやはりドイツ軍と同様の議論を尽くすべき種々の困難に対処する必要があったのは、容易に知れたことである。むしろドイツ軍よりもその傾向大だったかもしれない。

初回の作戦行動に際して、師団の戦車部隊が他へ派遣されていたという事実については、師団にとってというだけではなく、広い意味で批判の余地があるものと思われる。たとえば1941年秋など対ソ戦初期には、数個師団の戦車部隊が合同で作戦を展開したことが、戦車の保有数が激減している場合の、有効な――グデーリアンの推奨する――便法だった。だが現状では、定数を満たすまでになった各戦車大隊を例にとっても、指揮系統に新しく導入された戦車旅団本部が酷使される余り、隷下の戦車大隊の集中投入を有効に実施できずにいる。

したがって、モーデル上級大将は、今後各戦車大隊は――他兵科との協調が保証されるという前提のもとに――その原隊たる各師団内で活用さるべきであるとの指示を出した。

それに加えて、第XXXXⅦ戦車軍団と個々の師団の指揮統制に誤謬が認められると（モーデルは）考え、特に「高地から、あらゆる火器で射撃を続ける敵陣地に対峙した際、戦車部隊が数時間に渡って行動を起こさなかった」のを問題視した。また「同軍団司令部は、概して実際の戦況を正確に把握していない。地図盤から指揮しようとしすぎた。一部の指揮官――特に第2戦車師団長と旅団長――の交替は考慮の対象とさるべき。」以上、第9軍の業務日誌より。

とは言え、あらゆる誤謬が回避されたとしても、この日の攻撃が全面的に成功する見込みはあったのだろうか？　後日この点を検証すれば、全面的勝利は――たとえ不可能とまでは断言できずとも――疑わしかったとの見方が出てくるかもしれない。

砲撃と空襲に常時さらされている状況で、師団員は速やかにある種の服務規程とも言えるような習慣を身につけた。すなわち「どこであれ、布陣後はただちに塹壕を掘り、火器・装備、車両を安全な深さの地中に確保し、砲火から守るよう努めよ。」

さらに後日の師団報告書より：
敵砲兵部隊による両側面および正面からの観測作業に対して、我が師団が砲兵観測中隊（測距中隊）を欠いていたのは痛手だった。この日は異常とも言えるほどの損耗数を記録したが、それも敵砲兵の位置を特定できず、その制圧もできなかったのが原因である。

付録9

第31歩兵師団が獲得した戦訓――抜粋――

第17擲弾兵連隊　1943年7月28日、前線にて
――連隊長――

第17擲弾兵連隊業務日誌に記すべく以下のとおり報告す。
1943年7月5-28日、オリョール南における攻守一連の戦闘で獲得された戦訓

第一部
1943年7月5-8日の計画攻撃

1). 部隊の現況
連隊はすでに東部戦線で2年に渡って休みなく、また計画的訓練を実施する機会にも恵まれぬまま戦闘継続中である。任務の困難さに鑑みて、早急に訓練が必要である。
先に第267歩兵師団戦区において、連隊が対戦車壕の掘開・構築作業に投入されたのは（これを訓練として捉えるには）不本意な結果に終わった。全般的な計画にしたがって、その期間を本式の訓練にあてていたならば、より良い結果につながっただろう。

教訓：大規模な作戦を控えた師団は、二次的な任務を免除されるべきである。
重点：建設大隊として他の師団に奉仕するよりも、攻勢の準備に専念すべきこと（第267歩兵師団は多数の予備戦力の訓練を実施し、その一方で第17擲弾兵連隊は、大規模攻勢を控えていたにもかかわらず、対戦車壕の構築を肩代わりしていた）。

2). 訓練不足
訓練不足は、特に以下の状況下で顕著となった。激しい敵火にさらされている場合の（7月5日と6日）部隊の展開。報告を送る際の手違い、不首尾。一部の指揮官から見れば、全般的な状況を考慮せずに部隊の移動がおこなわれている点。

教訓：兵に部隊間の結束と連携を学ばせるため、大規模な演習を実施する必要がある。

3). 連隊の戦力
ほぼ万全の可動状態にあるのは2個大隊；1個重歩兵砲小隊：1個軽歩兵砲小隊：1個迫撃砲小隊：7.5cm対戦車砲2門・5cm対戦車砲4門・3.7cm対戦車砲3門。
"塹壕兵力"の不足：300名。
各中隊の"塹壕兵力"：70-80名。
連隊の士気と攻撃力：戦闘開始前はきわめて良好。
将校団の気質と戦闘経験：平均以上。戦列にある尉官は勇敢にして優秀な態度（冒険志向という意味ではなく）を示す。
兵の過半数：東部戦線での実戦経験も豊富な古参兵。

4). 要約
連隊は、準備不足・過度の戦力不足の状態で決定的な戦闘に参入した。予備兵力は払底（野戦補充大隊1個分が欠如）。

5). 今回の計画攻撃の特色
消耗戦；縦深20kmに渡って梯形配置された防御陣地帯を突破するための戦闘。幅3.5kmの師団戦区内に、約24,000個の地雷。
地形的には数々の難点あり：攻撃範囲の全景が一望できる地形。いかなる動きも砲兵観測員の目を逃れ得ない。穀物畑；ステップ地帯に走る隘路；点在する森；ロシア兵の地下壕多数。
ロシア軍は攻撃を予期していた。つまり、今回の計画攻撃は時と場所のいずれの意味においても、奇襲たり得なかった。我々は突破を試みる過程で同じ地点への接近を何度も繰り返した。攻撃開始の正確な時刻は、捕虜となった第62擲弾兵連隊の下士官から漏れたもの（後刻、複数の捕虜の供述によっても裏付けられた）。
したがって、我々の攻撃は、準備万端整えた敵に対して実施されたのであって、火砲やロケット弾発射器による絶え間ない最終防御砲火に直面した。
第31歩兵師団への36個砲兵中隊による支援は非常に効果的だった。しかしながら、地雷原の横断、敵砲兵の集中射撃の排除といった難問は、それによっても解決できなかった。

6). 守備配置についた友軍は、敵情把握のための偵察活動を何週間も実施しなかった。結果として、敵情評価が――その最前線の野堡の存在など――不正確なものになった。敵の構成や所在地に関する、より重要な情報源：航空写真。
最新の航空写真から、ロシア軍が新たな防衛拠点をこれまでの主抵抗線のさらに前方へ移していることが判明したのは、攻撃開始のわずか半日前である。それらの防衛拠点の前面に地雷原があるか否かは不明だった。

教訓：最高司令部が計画攻撃を望んでいるのであれば、攻撃部隊が詳細な情報を得られるよう、守備配置についた友軍に対し、継続して敵陣への偵察を実施するよう働きかけるべきである。敵の野堡や地雷原の有無が正確に把握できていなければ、

攻撃部隊は不意を衝かれ、敗走あるいは大流血に追い込まれかねない。

守備配置部隊の見解――「偵察活動は我が方に攻勢の意図ありと暴露することになるため、実施すべきでない」――は、致命的な結果をもたらすことが今回証明された。

7). ロシア軍は、その前線背後に一大戦車戦力をともなう多数の攻撃師団を控置していた。

対するに我が方は、敵の攻勢予備を圧倒するだけの突撃砲部隊予備や随伴戦車部隊が不足していた。

ロシア軍戦車旅団に対して、対戦車砲あるいは歩兵砲、対戦車肉攻班をともなって開豁地で実施された歩兵部隊の攻撃は、無意味な犠牲を出すだけの結果に終わった。

相当数の突撃砲が随伴せぬ限り、攻撃を指示された師団は、肝心の攻撃力をまったく欠くことになる。今回の攻撃支援に配された第190突撃砲大隊の両中隊は、数のうえでじゅうぶんではなかった。彼らはその数的劣勢を、オーストリア出身の同大隊長ロスマン少佐が体現するみごとな敢闘精神によっておぎなった。

教訓：戦車部隊を擁する敵が相手であれば、歩兵部隊による通常の攻撃は、突撃砲の随伴ある場合のみ実施可能。これは今や歩兵部隊が攻撃を実施する際の常識である。そのため、歩兵部隊は専属固有の突撃砲部隊を必要とする。

戦車に対し、その機動を阻止できないような開豁地で、体当たりの肉薄攻撃をかけるのは、ドイツ民族最良の若い血の浪費である。

歩兵は攻撃を望んでいる。だが、同時に問いかけもする。「友軍の突撃砲はどこだ？」「本国ではどんな生産努力がなされているのか？」「歩兵の戦闘力を高め、何千人もの死傷者を出さずに済むよう、突撃砲配備に向けたあらゆる手だてが本当に尽くされているのか？」

8). 個人的見解に基づく前提条件

今次大戦4年目を迎え、兵員・馬匹、火器、装備、車両のどれも、損失の膨大さに比して、じゅうぶんな補充がなされていないことを、東部戦線で経験を積んだ古参兵は皆知っている。人員と資材ともに予備が確保されていないことも周知の事実である。

消耗戦の影が色濃くなっている現在、責任ある指揮官ならば誰もが次のような疑問に襲われている。「いかにして指揮下の部隊を無駄に失うことなく、与えられた任務を完遂するか？」

予備が払底しているという事実は、勝利への意欲に水を差すほどの悪影響を部隊に及ぼしている。軽歩兵部隊、擲弾兵部隊の戦列尉官は、消耗戦の過程で無意味な犠牲者を出すべきでないと要求している。彼らは“電撃戦”当時さかんに提示されたのとは別の姿勢を上層部に求めている。

9). つまり、戦闘開始以前も戦闘中も、前線部隊からは次のような疑問の声があがっている。なぜヴェルダンの殺戮戦を再現せねばならないのか？　なぜ敢えて危険を冒す必要があるのか？　歴戦の古参兵を、東部戦線で無駄に失うほどの余裕が我々にあるというのか？　過去1年半のあいだに繰り返してきたと同じように、我々は再びロシア軍を過小評価する愚を犯していないか？　歩兵の戦闘力が脆弱であれば、6個大隊を擁する歩兵師団が、わずか数日の激戦で1個連隊相当にまで戦力を落とすこともあり得るのを、上層部は理解しているのだろうか？　また、そうなれば歩兵師団による突撃戦法はもはや不可能となることを、理解しているのだろうか？　7日間の攻勢作戦を経て、そのような師団をも、まだ投入可能であると決めつけて運用計画を練るのであれば、それは現実を直視できていないのと同じことではないのか？　1918年当時の大攻勢においては、第2陣、第3陣の師団にまで突破完遂が求められたりしなかったではないか？

後日の戦闘経験の評価に際して、前線部隊からわき上がった声が考慮の対象となるよう、こうした歴戦の将校連の意見は、この連隊業務日誌用の戦闘報告にも反映されている。

今回の計画攻撃に際して、入念な戦術的準備が実施されたにもかかわらず、攻撃前の部隊の士気は、勝利への期待感に満ちたものではなかった。ただし、それが連隊の攻撃精神に影響を与えたのではない。連隊は、常に所定の目標に到達した。オリョール南のロシア軍の集中戦力に対する阻止攻撃は、最大級の作戦的成功を見たかもしれないが、それは必ずしも戦列尉官以下、軽歩兵部隊、擲弾兵部隊の兵のあいだに漂う気分とは一致しなかった。

10). 計画攻撃の初日、連隊は毅然たる態度でこれを迎えた。そして、おおいに成功をおさめた。

計画攻撃開始以来の数日間、恒常的かつ偏在的な敵の砲撃が、このオリョール南部における戦闘を特徴づけた。つまり、これは我がニーダーザクセン連隊がこれまでに経験したなかでも最も困難な戦闘だった。

膨大な損失を被りながらも、連隊はこの最も苛酷な戦闘を、何の汚点も残さずに耐え抜いた。攻撃精神と、きわめて多数の死傷者を出していてさえ揺らぐことなき強靱な心的態度に加えて、連隊の成功は、新任の師団長ホスバッハ中将の指揮に負うところ大である。特に、慎重な計画と準備を経て、中将が忍耐強い態度で指揮統制をおこなったことが、連隊に重要地点250.2高地の奪取を可能ならしめた。

11). ゴスラルの軽歩兵大隊は、初日にビショフ中尉を除く全将校を失った。負傷した大隊長ヴェーゲライン少佐は、四散した先鋒部隊を再び呼び集め、これを率いて244.5高地まで到達した。彼は手当ても受けぬまま、配下の軽歩兵部隊とともに20時間に渡ってその場を持ちこたえた。連隊は、当初の"塹壕兵力"たる将校36名、下士官兵1,100名のうち、将校26名、兵650名を失った。

署名／ヴォルフガング・ミュラー

付録10

階級比較一覧

NATO階級符号（参考）	ドイツ陸軍		武装親衛隊	
OF-10 元帥	Generalfeldmarschall	陸軍元帥	Reichsführer-SS	親衛隊全国指導者（SS長官）
	Generaloberst	上級大将	SS-Oberstgruppenführer	SS高級集団指揮官
OF-9 大将	General der ○○ （○○には歩兵、砲兵など兵科の名称が入る）	○○大将	SS-Obergruppenführer	SS上級集団指揮官
OF-8 中将	Generalleutnant	中将	SS-Gruppenführer	SS集団指揮官
OF-7 少将	Generalmajor	少将	SS-Oberführer	SS上級指揮官
OF-6 准将			SS-Brigadeführer	SS旅団指揮官
OF-5 大佐	Oberst	大佐	SS-Oberführer	SS上級指揮官
			SS-Standartenführer	SS連隊指揮官
OF-4 中佐	Oberstleutnant	中佐	SS-Obersturmbannführer	SS上級大隊指揮官
OF-3 少佐	Major	少佐	SS-Sturmbannführer	SS大隊指揮官
OF-2 大尉	Hauptmann/Rittmeister	大尉	SS-Hauptsturmführer	SS高級中隊指揮官
OF-1 中尉	Oberleutnant	中尉	SS-Obersturmführer	SS上級中隊指揮官
OF-1 少尉	Leutnant	少尉	SS-Untersturmführer	SS下級中隊指揮官
OF（D）少尉心得				
WO-2 准士官			SS-Stabsscharführer	SS連隊付准尉
WO-1 准士官			SS-Sturmscharführer	SS中隊付准尉
OR-8, OR-7 （士官候補生）	Oberfähnrich Fahnenjunker-Feldwebel Fahnenjunker-Unteroffizier	上級士官候補生 士官候補生曹長 士官候補生軍曹	SS-Standartenoberjunker SS-Standartenjunker SS-Fahnenjunker	SS連隊付上級士官候補生 SS連隊付士官候補生 SS士官候補生
OR-9 准士官・兵曹長	Hauptfeldwebel/ Hauptwachtmeister	先任曹長／ 先任騎兵曹長（役職名）		
OR-8 兵曹長	Stabsfeldwebel/ Stabswachtmeister	本部付曹長／本部付騎兵曹長	SS-Hauptscharführer	SS高級小隊指揮官 （先任分隊長）
OR-7 曹長・上等兵曹	Oberfeldwebel/ Oberwachtmeister	上級曹長／上級騎兵曹長		
OR-6 軍曹・一等兵曹	Feldwebel/Wachtmeister	曹長／騎兵曹長	SS-Oberscharfürer	SS上級小隊指揮官 （上級分隊長）
	Unterfeldwebel/ Unterwachtmeister	下級曹長／下級騎兵曹長	SS-Scharführer	SS小隊指揮官（分隊長）
OR-5 伍長・二等兵曹	Unteroffizier/Oberjäger	軍曹／上級猟兵	SS-Unterscharfürer	SS下級小隊指揮官 （下級分隊長）
OR-4 兵長	Stabsgefreiter	本部付上等兵（本部付伍長）		
OR-3 上等兵	Obergefreiter	伍長勤務上等兵（伍長）	SS-Rottenführer	SS分隊指揮官（班長）
OR-2 一等兵	Gefreiter	上等兵	SS-Sturmmann	SS突撃兵
	Oberschütze	一等兵	SS-Oberschütze	SS上級狙撃兵
OR-1 二等兵	Schütze ・Kanonier, Reiter, Grenadier, etc. （所属兵科により呼び方が異なる）	二等兵	SS-Schütze ・SS-Panzerschütze （所属兵科により呼称が異なる）	SS狙撃兵 ・SS戦車兵　など

編注／この表は原著の階級対照表を下敷きに、各種の資料を参照して編集が独自に製作したもの。階級は年代により多くの変化があり、また国ごとに異なる士官・下士官・兵の構成比や、階級呼称の歴史的経緯などから一概に横一列で比較できるものではないが、ここではNATOにおける階級符号と現在に残る呼称の対比（ドイツ連邦軍の階級呼称は大戦時の国防軍のものをほぼ引き継いでいる）も参考にしながら大まかな比較を試みた。

古い資料ではドイツ陸軍の Feldwebel を軍曹とするものも多いが、ここでは中隊先任下士官 “Spieß” の役割や、SSにのみ設けられていた “准尉” の階級との整合性から曹長とした。中隊レベルの指揮官（尉官）以上は各国とも大差ないが、小隊レベル以下となると、ドイツ軍は下士官に重点を置き、貴族を連

アメリカ陸軍		英連邦陸軍	
General of the Army	陸軍元帥	Field Marshal	元帥
General	大将	General	大将
Lieutenant General	中将	Lieutenant General	中将
Major General	少将	Major General	少将
Brigadier General	准将		
		Brigadier	准将（少将待遇の佐官）
Colonel	大佐	Colonel	大佐
Lieutenant Colonel	中佐	Lieutenant Colonel	中佐
Major	少佐	Major	少佐
Captain	大尉	Captain	大尉
First Lieutenant	中尉	Lieutenant	中尉
Second Lieutenant	少尉	Second Lieutenant	少尉
Officer Designate	少尉見習		
Chief Warrant Officer	一等准尉		
Warrant Officer Junior Grade	二等准尉		
Cadet	（士官）候補生	Officer Cadet	士官候補生
		WO, Class I/Staff Sergeant Major （名称は准士官だが、待遇は下士官）	一等准尉／本部付曹長
First Sergeant	先任曹長	WO, Class I/ Regimental Sergeant Major	一等准尉／連隊付曹長
Master Sergeant	曹長	WO, Class II/ Company Sergeant Major	二等准尉／中隊付曹長
		WO, Class III/ Platoon Sergeant Major	三等准尉／小隊曹長
Technical Sergeant	一等軍曹／技術軍曹		
Staff Sergeant/ Technician Third Grade	二等軍曹／3級特技兵	Sergeant	軍曹
Sergeant/Technician Forth Grade	三等軍曹／4級特技兵	Lance-Sergeant/ Lance Corporal of Horse	二等軍曹／近衛騎兵軍曹
Corpopral/Technician Fifth Grade	伍長／5級特技兵	Corporal/Bombardier	伍長／砲兵伍長
Private First Class	一等兵	Lance Corporal/Lance Bombardier	兵長／砲兵兵長
Private	二等兵	Private ・Rifleman, Fusilier, Trooper, Gunner, etc, （所属部隊や兵科により呼称が異なる）	二等兵

隊長にいただく英軍は准士官の層を厚くしているのが興味深い（ただし東部戦線を扱う本書でソ連軍の階級を欠くのは心苦しいが、残念ながら今回は見送らざるを得なかった）。

1）ドイツ軍の場合、一般的に下士官の昇進は二等兵から伍長、軍曹から曹長へと一足飛びだった。通常、上等兵もしくは下級曹長に昇進するのは、適格性の最高水準に到達し、同階級に留まる場合だった。2）士官候補生および上級士官候補生は、一般的に兵卒から昇進した熟練下士官を言い、この資格で小隊等の指揮官を務めた。3）英米軍の士官候補生は卒業すれば少尉に任官する士官学校の在籍者を示す。

【翻訳者紹介】

岡崎 淳子（おかざき あつこ）

1961年新潟県長岡市生まれ。明治大学文学部文学科（英米文学専攻）卒業。訳書に『原色版 恐竜・絶滅動物図鑑』『パンツァータクティク WWIIドイツ軍戦車部隊 戦術マニュアル』『グロースドイッチュランド師団写真史』『ヴィットマン――LSSAHのティーガー戦車長たち』『シャーマン中戦車1942-1945』（いずれも大日本絵画刊）などがある。戦間期ドイツの政治や社会体制、風俗などに興味をもちつつ、ジム通いに精を出している。猫6匹とともに東京都府中市在住。

続・クルスクの戦い
戦場写真集 北部戦区 1943年7月

発行日　2007年9月30日　初版第1刷

著　者　ジャン・ルスタン＋N. モレル［共著］
翻　訳　岡崎 淳子
装　丁　寺山 祐策
DTP　小野寺 徹

発行人　小川 光二
発行所　株式会社 大日本絵画
〒101-0054東京都千代田区神田錦町1丁目7番地
Tel. 03-3294-7861（代表）　Fax.03-3294-7865
URL. http://www.kaiga.co.jp
編集人　浪江 俊明
企画・編集　株式会社 アートボックス
〒101-0054東京都千代田区神田錦町1丁目7番地
錦町1丁目ビル4F
Tel. 03-6820-7000（代表）　Fax. 03-5281-8467
URL. http://www.modelkasten.com/
印刷・製本　大日本印刷株式会社

Operation "Citadel"
A Text and Photo Album
Volume 2: The Battle in the North
by Jean Restayn and Nicole Moller

First published in Canada in 2006
by J.J. Fedorowicz Publishing, Inc.
www.jjfpub.mb.ca

ISBN978-4-499-22942-5 C0076